魚の赤ちゃん大集合！

魚の赤ちゃんには、おとなと形や色などがちがうものが多くいます。見くらべてみましょう。

成魚

モンガラカワハギ
`194 ページ`
赤ちゃんはからだ全体が、白い水玉模様です。

成魚

アオサハギ
`196 ページ`
小さなからだに黒い縦じまが目

成魚

キンギョハナダイ
`101 ページ`
からだはオレンジ色で、幼魚はお

成魚

ロウ
ページ
こどものころはひれが大きく、海中をただよってくらしています。

■監修
本村浩之　鹿児島大学総合研究博物館教授

■標本写真
鹿児島大学総合研究博物館
神奈川県立生命の星・地球博物館提供／瀬能宏（チヒロザメ、シノビハゼ）

■写真
田口哲
アフロ、アマナイメージズ、久保秀一、ピクスタ

■撮影協力
山梨県水産技術センター

■図版、イラスト
株式会社アート工房、川下隆

■デザイン・装丁
FROG KING STUDIO（近藤琢斗／石黒美和）

■レイアウト
ニシ工芸株式会社（向阪伸一）

■動画
田口哲

■AR動画制作
水木玲（3D制作）、アララ株式会社（アプリ協力）

■編集協力
ニシ工芸株式会社（高瀬和也／月本由紀子）

■校正
タクトシステム

■企画編集
吉田優子、石河真由子

＜おもな参考文献＞
『学研の図鑑LIVE　魚』学研プラス、2015年
『新ポケット版 学研の図鑑　魚』学研教育出版、2010年

学研の図鑑 LIVE POCKET
魚
さかな

もくじ

表紙写真：カクレクマノミ　　裏表紙写真：ミナミハコフグ
背表紙写真：イバラタツ　　　総扉写真：ハリセンボン

魚の赤ちゃん大集合！―前見返し	
この図鑑の見方と使い方―― 4	
スマートフォンで動画を 楽しもう！ 4	
魚のなかま分け 6	

魚のすむところ 8	
魚のからだ 10	
魚に関する用語 12	
さくいん 210	
危険な魚―― 後ろ見返し	

淡水魚 ―― 14

ヤツメウナギのなかま ―― 16
ウナギのなかま ―― 17
コイ・ナマズなどのなかま ―― 18
　コイのなかま ―― 18
　タナゴなどのなかま ―― 20
　オイカワ・ウグイなどのなかま ―― 24
　モロコなどのなかま ―― 28
　ドジョウのなかま ―― 30
　ナマズ・ギギのなかま ―― 32
サケのなかま ―― 34
　アユのなかま ―― 34
　サケ・マスのなかま ―― 34

トゲウオのなかま ―― 40
　トゲウオなどのなかま ―― 40
スズキのなかま ―― 43
　スズキのなかま ―― 43
　カジカのなかま ―― 43
　ハゼのなかま ―― 44
　タイワンドジョウのなかま ―― 48
　カワスズメのなかま ―― 48
　サンフィッシュのなかま ―― 49
ガーのなかま ―― 49
　ガーのなかま ―― 49

海水魚 ―― 52

ヌタウナギのなかま ―― 58
　ヌタウナギのなかま ―― 58
ギンザメのなかま ―― 58
　ギンザメのなかま ―― 58
サメのなかま ―― 59
　ネコザメのなかま ―― 59
　テンジクザメのなかま ―― 59
　ネズミザメのなかま ―― 60
　メジロザメのなかま ―― 63
　カスザメのなかま ―― 65
　ノコギリザメのなかま ―― 65
エイのなかま ―― 66
　エイのなかま ―― 66
チョウザメのなかま ―― 68
　チョウザメのなかま ―― 68
ウナギのなかま ―― 68
　ソトイワシ・ウツボなどのなかま ―― 68
　アナゴ・ハモのなかま ―― 70
ニシンのなかま ―― 71
　ニシンのなかま ―― 71
ナマズなどのなかま ―― 73
　ネズミギス・ナマズのなかま ―― 73
サケのなかま ―― 74
　キュウリウオのなかま ―― 74
ヒメ・アカマンボウなどのなかま ―― 75
　ヒメ・エソのなかま ―― 75
　ハダカイワシ・アカマンボウのなかま ―― 76

タラ・アンコウなどのなかま	77
タラのなかま	77
アシロ・アンコウなどのなかま	78
キンメダイ・トゲウオなどのなかま	80
キンメダイ・マトウダイのなかま	80
トゲウオのなかま	82
ボラ・トビウオのなかま	86
ボラ・トウゴロウイワシのなかま	86
トビウオ・サンマなどのなかま	86
スズキのなかま	90
メバルのなかま	90
カサゴ・オコゼなどのなかま	93
ホウボウ・コチのなかま	97
スズキ・アカムツのなかま	99
ハタのなかま	100
キントキダイ・ハナダイなどのなかま	106
テンジクダイ・イシモチなどのなかま	108
アマダイ・アジなどのなかま	110
ヒイラギ・フエダイなどのなかま	115
タカサゴなどのなかま	120
イサキのなかま	122
イトヨリダイ・マダイのなかま	124
フエフキダイ・ニベのなかま	126
ヒメジ・ハタンポなどのなかま	128
チョウチョウウオのなかま	131
キンチャクダイのなかま	137
ゴンベなどのなかま	140
ウミタナゴのなかま	142
スズメダイのなかま	143
シマイサキなどのなかま	148
イシダイ・メジナなどのなかま	149
イボダイなどのなかま	151
ベラのなかま	152
ブダイのなかま	158
アイナメ・カジカなどのなかま	160
ゲンゲのなかま	164
トラギスなどのなかま	166
ギンポのなかま	168
ウバウオ・ネズッポなどのなかま	171
ハゼのなかま	173
アイゴ・ニザダイなどのなかま	179
カジキのなかま	183
カマス・タチウオなどのなかま	184
サバ・マグロなどのなかま	186
カレイのなかま	189
ヒラメのなかま	189
カレイなどのなかま	190
フグのなかま	194
カワハギなどのなかま	194
ハコフグのなかま	198
フグなどのなかま	199

LIVE発見!

ニホンウナギの回遊	17
産卵期の色変わり	23
サケの一生	35
降海型と陸封型	38
巣をつくる魚	41
サメのなかまの卵	62
「えらあな」で酸素をとりこむ	67
魚の眠り方	159
共生する魚	178
ヒラメの成長	189

LIVE情報

メダカのなかま	42
いろいろな金魚・錦鯉	50
子育てをする魚	85
性別を変える魚	147
敵から身を守る	203
いろいろな深海魚	204
外国の魚（鑑賞魚など）	206
おすし図鑑	208

この図鑑の見方と使い方

この図鑑では、おもに日本の川や湖、周辺の海などにすむ魚を約800種、分類学を基準になかまごとに紹介しています。前半に「淡水にすむ魚」、そのつぎに「海水にすむ魚」をまとめています。

■大きななかま分け
大きななかま分け(区または目)を示しています。

■小さななかま分け
小さななかま分け(上目または亜目・科)を示しています。ただし、小さななかまが集まったページでは、代表的な魚の名前を書いています。

■特徴
おもに形や色などからだの特徴を書いています。主要な水産種として流通しているものには、「食用」と入れてあります。

スマートフォンで魚が飛び出す!

おうちの方へ

■「Google Play (Play ストア)」・「App Store」から、「ARAPPLI (アラプリ)」をダウンロードし、下のマークがあるページ全体をスキャンしてください。

▼このマークが目印!

→3DやARのマークがあるページ全体をスキャンしてください。

3Dや動画が見られる!

3Dは、スマホを傾けて、どの角度からも見られます。拡大縮小ができ、写真もとれます!

■大きさ

全長
体長
体高

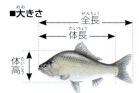

イトヨ
トゲウオ科
●5〜8cm
●北海道・青森県・福島県・栃木県・福井県
●降海型と陸封型があり、生活形態は多様です。
●４〜７月に産卵。ハリヨとよく似ています。

タウナギ
タウナギ科
●50cm（以上）・関東以西の日本各地に移入 ●水田や池沼など ●動物食
●浅い水田で産卵。とぎさま泡をつくり、卵巣を守ります。

発見！
巣をつくる魚

ハリヨやイトヨ、トミヨなどのオスは、自分の縄張りの中に水草で巣をつくります。その巣にメスをさそい入れて、産卵させます。

ハリヨの巣づくり

オスは水草などを巣材となる集めて、粘液でからだにこすりつけて固定します。

からだをゆすって巣材をおし込んで、固定します。

水草が流れない止めるため穴をあけていき、巣を完成させます。

データの見方

名前（別名）

名前は和名で、名前の後ろに（ ）のついたものは別名です。その後ろに科名があります。

♥ 大きさ	体長または全長。
♦ 分布	その魚が見られる地域。
♣ すみか	その魚のすんでいる水深や地形。
♥ 食性	おもに食べているもの。
★ 特徴など	体形や習性、別名や地方名など。
☆ 危険魚	人をおそったり、鋭い歯や毒とげ、からだに毒をもつなど危険な魚。
🆘 絶滅危惧種	環境省および国際自然保護連合（IUCN）が発表している、絶滅のおそれのある野生生物のリスト（レッドリスト）に記載されている、絶滅危惧種。
● 特定外来生物	環境省指定の、日本の生態系に被害をおよぼす、またはおそれのある外来種。

少しくわしい情報を紹介しています。

豆ちしき 知って得する豆ちしきを紹介しています。

3Dや動画の見られるページはこちら！

魚の3D（6種類）

■ニホンウナギ（17ページ）
■ジンベエザメ（59ページ）
■ホホジロザメ（61ページ）
■オニイトマキエイ（67ページ）
■クロマグロ（188ページ）
■マンボウ（202ページ）

魚の動画（26種類）

■オイカワ（25ページ）
■カマツカ（29ページ）
■アユ（34ページ）
■サケのふ化（35ページ）
■サクラマス（38ページ）
■ヒメダカの産卵（42ページ）
■ネコザメのふ化（62ページ）
■アンコウ（78ページ）
■ニシキフグライウオ（83ページ）
■ヘコアユ（84ページ）
■トビウオ（88ページ）
■オニダルマオコゼ（96ページ）
■ホウボウ（97ページ）
■コバンザメ（111ページ）
■タテジマキンチャクダイ（137ページ）
■クダゴンベ（140ページ）
■カンムリベラ（155ページ）
■アツモリウオ（163ページ）
■オオカミウオ（164ページ）
■ミナミギンポ（169ページ）
■カツオ（187ページ）
■ヒラメ（189ページ）
■スナガレイ（191ページ）
■モンダルマガレイ（192ページ）
■ゴマモンガラ（195ページ）
■クサフグの産卵（200ページ）

※スマートフォンアプリ「ARAPPLI（アラプリ）」のOS対応は iOS：7、8 Android™4 以降となります。※タブレット端末動作保証外です。※ Android™ 端末では、お客様のスマートフォンでの他のアプリの利用状況、メモリーの利用状況等によりアプリが正常に作動しない場合がございます。また、アプリのバージョンアップにより、仕様が変更になる場合があります。詳しい解決法は、http://www.arappli.com/faq/private をご覧下さい。※ Android™ は Google Inc. の商標です。 ※ iPhone® は、Apple Inc. の商標です。※ iPhone® 商標は、アイホン株式会社のライセンスに基づき使用されています。※記載されている会社名及び商品名／サービス名は、各社の商標または登録商標です。

魚のなかま分け

　魚のなかまは、「脊椎動物」という大きなグループの中のひとつで、わかっているだけでも約3万5000種類もいます。
　あごがない「無顎上綱」と、あごがある「顎口上綱」に大きく分けられ、さらに、進化してきた順と、からだの特徴で、細かくなかま分けされます。

●大きななかま分け

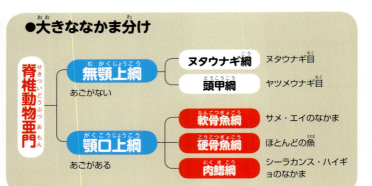

　「無顎上綱」は、最も原始的な魚類で、現在生き残っているのはヌタウナギとヤツメウナギのなかまだけです。
　現在いる魚の多くが、あごのある「顎口上綱」にふくまれ、この図鑑にもたくさん登場します。「顎口上綱」は、さらに、軟骨魚綱、硬骨魚綱、肉鰭綱の3つに大きく分かれます。

魚は5億年以上前に出現した

最初の魚は、今から5億年以上前のカンブリア紀に出現した、あごをもたない無顎魚類だったと考えられています。その後、あごをもつ顎口魚類が栄え、軟骨魚類、硬骨魚類が出現してきました。

ユーステノプテロン。
(肉鰭綱)
デボン紀後期の化石。名前は「頑丈なひれをもつ魚」という意味です。

★この図鑑に出てくる おもな「顎口上綱」(あごをもつ)の 魚のなかま分け

軟骨魚綱

骨格がやわらかい骨(軟骨)でできているグループで、ギンザメのなかまと、サメやエイのなかまに分けられます。

- 全頭亜綱 ───── ギンザメ目
- 板鰓亜綱
  - サメ区
    - ネズミザメ上目 ── メジロザメ目など
    - ツノザメ上目 ── ツノザメ目など
  - エイ区
    - エイ上目 ───── トビエイ目など

肉鰭綱

胸びれと腹びれの付け根の筋肉が、あしのように発達している種のグループで、生きた化石として知られるシーラカンスのなかまと、肺で呼吸をするハイギョのなかまに分けられます。

- シーラカンス亜綱 ───── シーラカンス目
- 肺魚亜綱 ───── ケラトドゥス目など

硬骨魚綱

骨格がかたい骨(硬骨)でできているグループで、現在最も種類が多く栄えている魚類です。ほとんどは条鰭亜綱に属し、チョウザメのなかまなどの軟質区と、スズキのなかまなどの新鰭区に大きく分けられます。いちばん種数が多いのは「スズキ目」です。

- 条鰭亜綱
  - 軟質区 ───── チョウザメ目
  - 新鰭区
    - カライワシ上目 ── ウナギ目など
    - ニシン上目 ──── ニシン目
    - 骨鰾上目 ───── コイ目など
    - 原棘鰭上目 ──── サケ目など
    - 狭鰭上目 ───── ワニトカゲギス目
    - シャチブリ上目 ── シャチブリ目
    - 円鱗上目 ───── ヒメ目
    - ハダカイワシ上目 ─ ハダカイワシ目
    - アカマンボウ上目 ─ アカマンボウ目
    - ギンメダイ上目 ── ギンメダイ目
    - 側棘鰭上目 ──── タラ目など
    - 棘鰭上目 ───── スズキ目など

7

魚のすむところ

魚は、大きく分けると川や湖などにすむ淡水の環境、塩の溶け込む海水の環境にくらしています。

川や池など淡水の環境

すんだ水の中を泳ぐイワナ。

川（上流）

川の流れが速く、水がきれいな上流には、泳ぎが得意な魚やきれいな水を好む魚がいます。

川（中流～下流）

川を遡上するアユの群れ。

下流にいくほど川の幅が広がって流れがゆるやかになり、水深は深くなります。多くの種類の魚がすんでいます。

湖・沼・池

琵琶湖にすむビワヒガイ。

流れがほとんどない、閉鎖的な環境です。

汽水にすむ魚
川と海を行き来する魚

淡水と海水の混じるところにくらす魚もいるほか、海と川を行き来する魚もいます。

さまざまな海水の環境

沿岸（磯・岩礁・サンゴ礁）

沿岸部の岩の多い岩礁や、あたたかい海のサンゴ礁など、比較的小さな魚の多い環境です。岩やサンゴの間などをかくれ場所にするものもいます。

サンゴ礁にすむ熱帯性の魚たち。

沿岸（水底）

水底の砂底近くにすむ種類や泥の中に身をかくすようにすんでいるものもいます。

砂底を移動するキアンコウ。

表層〜深層

海岸からはなれ、深さもさまざまなところでは海を泳ぎ回る魚、長い距離を移動する魚、大型魚などが多くいます。

回遊するマイワシの群れ。

水深200mより深くにいるものは深海魚とよばれます。深いところから浅いところに上がってくることもあります。（写真はリュウグウノツカイの幼魚）

9

魚のからだ

魚は、水中で水から酸素を取り込んでくらします。ひれ、えら、うろこなど、魚のからだのおもな特徴を紹介します。からだの大きさや形、ひれの数などは魚によってさまざまです。

からだのつくり

背びれ
背面にあるひれ。ほとんどは1〜2つ。サケなど、背びれが1つで後ろに脂びれをもつものもいます。

尾びれ
からだのいちばん後ろにあり、泳ぐときに最もよく使われるひれ。

鼻
目
耳
えらぶた
口

胸びれ
体の側面のえらのすぐ後ろにあるひれ。左右に1対あります。

腹びれ
腹側の、えらの後ろにあるひれ。多くの魚は左右1対あります。

うろこ

肛門

しりびれ
肛門の後ろにあるひれ。

側線
体の側面に見える線。感覚器につながっていて、ここから水の動きなどを感じます。

● **ひれで泳ぐ**　魚はひれを使って、前に進んだり、方向を変えたり、バランスをとったりします。ひれの形やつくりは、魚の種によってさまざまです。フグやウツボなどひれの数が少ない種もいます。

骨格（マダイの場合）
ろっ骨で内臓を守る
歯とあご
背骨
ひれの骨

●えらで呼吸する

えらぶた
この中にえらがある。

魚は、水の中にとけこんでいる酸素をからだにとり入れます。口から入った水はえらに送られ、えらの鰓弁で酸素をとりこみ、二酸化炭素を出します。

えら以外でも呼吸する魚もいる

たとえば、ドジョウは水面から顔を出し、口から空気を吸い込んで腸から酸素をとりこんだり、ムツゴロウはからだの表面から酸素をとりこんだりします。

●うきぶくろがある

多くの魚のからだには、空気が入っているうきぶくろがあります。うきぶくろをふくらませたり、しぼませたりして、水中で浮く力を調節します。うきぶくろが大きくなると浮く力は大きくなります（サメや海底にすむ魚など、うきぶくろがない種もいます）。

●うろこ

からだの表面にある、かたくて透明のうろこは、からだを守るはたらきをしています。うろこから魚の年齢を知ることもできます。アンコウやナマズなどうろこがない種もいます。

●目

多くの魚は、からだの両側に1つずつ目があります。それぞれが別々にものを見ることができます。

目にはまぶたがありません。

●耳

目の後ろにある「内耳」という器官で外からは見えません。水中に伝わる振動をとらえて脳に伝え、脳が振動を音として感じとります。側線でも音を感じることができます。

●鼻

魚の多くは、左右の前後に合計4つの鼻のあながあります。前後のあなは中でつながっていて、水が入って出ていくときに水の中にとけこんだにおいを感じとっています。

ひげやひれなどに「味蕾」という器官をもつ種もいます。

魚に関する用語

この図鑑を読むうえで、知っておくと便利な用語を紹介します。

あ

沿岸
岸近くから水深200mまでの大陸棚まで。大陸棚は大陸からつながっている海底で、水深150〜200mくらいでほぼ平ら、漁場として重要です。

回遊
決まった時期に、一定のコースを移動することで、鳥の渡りに似たものです。サケのように海と川の両方にすみ、産卵のために川を上るのも、回遊の1つです。

か

岩礁
海底の海の岩場。水面上にあらわれると、磯といいます。

汽水域
海水と淡水が混ざり合っているところ。大きな川では、海に流れ込む水が多いので、河口に広く汽水域ができます。また、川によっては潮の満ち引きのために、川のかなり奥まで海水が入り込みます。

固有種
日本固有種とは、日本だけにいる生き物という意味です。また、琵琶湖固有種とは、琵琶湖だけにすんでいる生き物を指します。

婚姻色
産卵期になると現れる体色の変化。多くの魚ではおすのからだの色が大きく変わり、別の種ではないかと思わせるものもあります。

さ

砂泥底
川底や海底などで、砂や泥のところ。

サンゴ礁
サンゴのなかまの動物が集まって、長い年月の間に石灰の骨を積み重ねてつくった浅瀬。陸から海へ向かって伸びていきます。サンゴ礁のへりから陸まで、浅くて穏やかな海をつくることがあります。

産卵管
タナゴのなかまは、貝の中に卵を産みます。産卵の時期になると、めすの産卵管がのびてきます。この産卵管を使って、貝の出水管からえらに卵を産みつけます。

仔魚
卵からかえったばかりの小さな魚を仔魚といいます。まだひれやうろこはそろっていません。

砂底
川底や海底などで、砂のところ。

性転換
魚のなかには、クロダイやクマノミのようにおすからめすに変わったり、サクラダイやブダイのように、めすからおすに変わったりするものがいます。このように、おす・めすが変わることを性転換といいます。

★磯〜沿岸の名称

飛沫帯（潮上帯）
満潮線（満潮時の海面）
潮だまり（タイドプール）
潮間帯
干潮線（干潮時の海面）
潮下帯

胎生
稚魚を産んでふえること。いろいろな種類の魚に胎生のものがいます。卵生にくらべて、1度に産む数は少ないです。

タイドプール
潮だまりともいいます。岩場などで引き潮のときに見られる海水がたまっている小さな水たまりのことです。

托卵
鳥のカッコウはほかの鳥の巣に卵を産み、その巣の親にヒナを育ててもらいます。魚のムギツクも同じように、オヤニラミなどの巣に卵を産み、卵がかえるまでオヤニラミが世話をします。

淡水域
川や池などの塩水ではなく、真水のところ。

稚魚
仔魚から成長して、ひれなどがそろって種としての特徴を示すまで成長した段階の魚です。体の色はまだ成魚とは異なります。

品種
ヒメダカなど、人間がつくり出した、種より下位の個体群。

幼魚
成長して、親と同じようになったものを幼魚といいます。また、もうすぐ成魚になるものを未成魚といいます。その中間を若魚としましたが、厳密にどこからどこまでということはありません。

卵生
卵を産んでふえること。卵生の魚は、胎生のものにくらべて、たくさんの数の卵を産みます。また、卵を産みっぱなしにする魚は、生き残る卵をふやすために、より多くの卵を産みます。

陸封
もともと海と川を行き来していましたが、海に下らず、川や湖でふえているものをいいます。

★海の中の地形

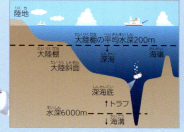

淡水魚

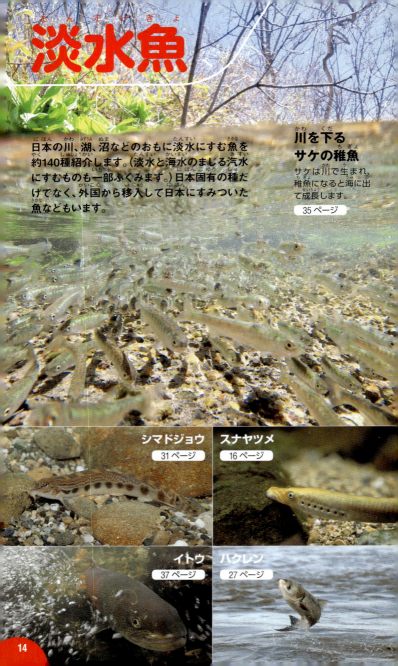

日本の川、湖、沼などのおもに淡水にすむ魚を約140種紹介します。(淡水と海水のまじる汽水にすむものも一部ふくみます。)日本固有の種だけでなく、外国から移入して日本にすみついた魚などもいます。

**川を下る
サケの稚魚**
サケは川で生まれ、稚魚になると海に出て成長します。
35ページ

シマドジョウ
31ページ

スナヤツメ
16ページ

イトウ
37ページ

ハクレン
27ページ

14

湖にすむウグイ

ウグイには、一生を湖などですごすもの(陸封型)と、川にすみ海におりるもの(降海型)がいます。

25 ページ

コクチバス 49 ページ

ナマズ 33 ページ

ボウズハゼ 47 ページ

ギンブナ 18 ページ

ヤツメウナギのなかま ヤツメウナギ目

ウナギのなかま
ヤツメウナギのなかま
ヤツメウナギのなかま（淡水魚）

ひれは背びれと尾びれしかなく、口は吸盤のような形です。

えらあなは7対

スナヤツメ ヤツメウナギ科
♠22cm（全長） ◆鹿児島県以北の日本各地 ♣水のきれいな流れのゆるやかな川 ♥水底の有機物 ★卵生。一生を川ですごします。

えらあなは7対
先が長い

カワヤツメ ヤツメウナギ科
♠60cm（全長） ◆北日本 ♣川と海を行き来する ♥寄生性 ★卵生。魚に吸いつき、血や肉をとかして食べます。食用。

吸盤のような口
カワヤツメは、吸盤のような形の口で魚に吸いつきます。

先が黒い
えらあなは7対

シベリアヤツメ ヤツメウナギ科
♠23cm（全長） ◆北海道 ♣川の中・下流 ♥水底の有機物 ★卵生。スナヤツメに似ていますが、尾びれの先が黒いです。

♠大きさ ◆分布 ♣すみか ♥食性 ★特徴など 🔴絶滅危惧種

ウナギのなかま ウナギ目

腹びれはなく、からだをくねらせて
水中を移動します。

からだにまだら状の斑紋がある

オオウナギ ウナギ科
♠2m（全長） ♦南日本・琉球列島 ♣海で生まれ、川で成長する ♥動物食
★太くて大きいウナギです。

ニホンウナギ ウナギ科
♠60cm（全長） ♦日本各地
♣海で生まれ、川で成長する
♥動物食 ★成魚は海に出て
繁殖すると一生を終えます。
別名「ウナギ」。食用。

からだにまだら状の
斑紋はない

発見！

ニホンウナギの回遊

ニホンウナギは、海と川を行き来する回遊魚です。南の海で生まれ、海流に乗って成長しながら日本へたどりつきます。

ニホンウナギの成魚は、産卵の準備ができると川から海へ出て、南のマリアナ諸島沖で産卵すると考えられています。ふ化した仔魚（レプトケファルス幼生）は、北赤道海流や黒潮に乗って、日本にたどりつき、河口から川に入ります。

ウナギのなかまの仔魚

 ウナギの仔魚（レプトケファルス幼生）はその形から、葉形仔魚とも呼ばれます。

17

コイのなかま コイ目

多くは雑食性で、水底にすむ生き物や藻類、動物プランクトンなどを食べます。コイにはひげがありますが、フナにはありません。

背びれが長い
口ひげが2対

コイ コイ科
♠80cm ◆日本各地 ♣池や沼、流れのゆるい川 ♥雑食
★4〜7月ごろに産卵。食用。

からだは黄色みを帯びる
背びれが短い

キンブナ コイ科 🟥
♠12cm ◆関東〜東北地方の太平洋側
♣川や湖沼 ♥雑食
★3〜8月に産卵。食用。

背びれが長い

ギンブナ
コイ科
♠25cm ◆日本各地
♣川や湖沼 ♥雑食
★3〜6月に産卵。食用。

めすだけで増える

ギンブナは、めすだけで卵を産みます。そして、ふ化した仔魚もすべてめすです。

♠大きさ(体長) ◆分布 ♣すみか ♥食性 ★特徴など 🟥絶滅危惧種

オオキンブナ コイ科
- ♠30cm
- ◆静岡県以西の太平洋側・中国地方の瀬戸内海側・四国・九州
- ♣流れのゆるい川や湖沼
- ♥雑食
- ★4～6月に産卵。キンブナに似ていますが大きくなります。食用。

ゲンゴロウブナ コイ科 🔴
- ♠30cm
- ◆琵琶湖・淀川水系
- ♣湖の沖合の表層
- ♥植物食（プランクトン食）
- ★3～7月に産卵。別名「ヘラブナ」。食用。

盛り上がる
背びれが長い
体高が高い

ニゴロブナ コイ科 🔴
- ♠22cm
- ◆琵琶湖
- ♣湖の中・底層
- ♥雑食
- ★4～7月に産卵。食用。

角張っている

ナガブナ コイ科
- ♠20cm
- ◆北陸・山陰地方・長野県・福井県
- ♣川や湖沼
- ♥雑食
- ★ギンブナよりも体高が低く、背びれが短いです。

豆ちしき　コイののどの奥には、咽頭歯という歯があります。（錦鯉は50ページ）

タナゴなどのなかま コイ目

体形はフナに似ています。
めすは二枚貝の中に産卵します。

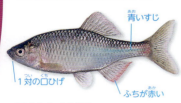

アカヒレタビラ
コイ科 🟥
- ♠7cm ◆宮城県・福島県・関東地方
- ♣湖や沼、河川の中流域 ♥雑食
- ★4〜6月に産卵。おすのしりびれは産卵期に赤くなります。

アブラボテ コイ科
- ♠5cm ◆愛知県以西の本州・四国の瀬戸内側・九州北部
- ♣水のきれいな川 ♥雑食
- ★3〜7月に産卵。おすはしりびれのふちが黒いです。

セボシタビラ コイ科 🟥
- ♠7cm ◆九州北西部
- ♣河川の下流域の流れのゆるやかな場所 ♥雑食
- ★おすの婚姻色はシロヒレタビラに似ています。

ゼニタナゴ コイ科 🟥
- ♠6cm ◆神奈川県・新潟県以北の本州。中部地方には放流
- ♣浅い池や沼、細流 ♥雑食 ★9〜11月に産卵。小型のタナゴです。

♠大きさ（体長） ◆分布 ♣すみか ♥食性 ★特徴など 🟥絶滅危惧種

カネヒラ コイ科

♠10cm ◆愛知県以西の本州・九州北部 ♣湖・池・沼の水草地帯や川のよどみ ♥雑食
★9〜11月に産卵。大型のタナゴです。

1対の口ひげ

青びれが短い
♂
1対の口ひげ
♀
産卵管

ミヤコタナゴ
コイ科 🏥
♠4cm ◆関東地方 ♣水のきれいな小川 ♥雑食 ★4〜6月に産卵。小型のタナゴです。国指定天然記念物。

ミヤコタナゴの産卵
めすが産卵管をのばして、二枚貝の中に産卵します。ふ化した稚魚は、貝の中から出てきます。

まるい斑紋
青いすじ
1対の口ひげ
ふちが白い

シロヒレタビラ コイ科 🏥
♠7cm ◆濃尾平野・琵琶湖・山陽地方、四国北部 ♣河川の下流域の流れのゆるやかな岩場 ♥雑食
★4〜7月に産卵。産卵期に、おすのしりびれのふちが白くなります。

イタセンパラ
コイ科 🏥
♠8cm ◆濃尾平野・富山平野・淀川水系 ♣平野部の河川敷内の池や水路 ♥植物食
★秋に産卵。体高がとても高いのが特徴です。国指定天然記念物。

豆ちしき タナゴのめすの産卵管は、産卵の時期にだけ長くなります。

21

コイ・ナマズなどのなかま（淡水魚）

カゼトゲタナゴ（山陰型）
コイ科 🆘
♠3cm ◆兵庫県〜広島県
♣河川の下流域の流れのゆるやかな場所 ♥雑食
★北九州型よりも体高が少し低いです。

長く青いすじ
短い口ひげ
産卵管

カゼトゲタナゴ（北九州型）
コイ科 🆘
♠3cm ◆九州北部
♣河川の下流域の流れのゆるやかな場所
♥雑食
★産卵期におすは、口先が赤くなります。

青いすじの始まりが細くとがる

青いすじの始まりが太くまるい
産卵管

イチモンジタナゴ コイ科 🆘
♠6cm ◆濃尾平野と近畿地方 ♣川のよどみや湖沼の水草地帯
♥植物食 ★3〜8月に産卵。

タイリクバラタナゴ
コイ科
♠5cm
◆島じまをのぞく日本各地
♣平野の川や湖 ♥植物食
★3〜9月に産卵。中国から入ったタナゴです。

おすは赤い
産卵管
青いすじ

♠大きさ（体長）◆分布 ♣すみか ♥食性 ★特徴など 🆘絶滅危惧種

ニッポンバラタナゴ
コイ科
- ♠5cm
- 愛知県以西～九州北部
- ♣平地の川や湖の浅くて水草の多いところ
- ♥植物食 ★5～6月に産卵。

- 斑紋がない
- 1対の口ひげ
- おすはふちが赤い
- 産卵管

ヤリタナゴ コイ科
- ♠8cm
- 北海道・南九州・琉球列島をのぞく日本各地
- ♣平野の湖や川 ♥雑食 ★4～8月に産卵。

LIVE 発見!

産卵期の色変わり

　魚にはコイやサケ、マスのなかまのように、産卵期になると、からだの色や模様があざやかになる種がいます。これらの色や模様は「婚姻色」と呼ばれ、産卵期の限られた時期にだけあらわれます。

婚姻色

ヤリタナゴ(おす)

ふだんの色とくらべ、からだ全体がピンク色になり、腹側が黒くなります。

婚姻色

オイカワ(おす)

からだの色が赤みがかり、模様があざやかになります。

豆ちしき　タイリクバラタナゴは鑑賞用に中国からもちこまれ、日本各地に広がりました。

オイカワ・ウグイなどのなかま　コイ目

釣りの対象として人気がある魚が多くいます。

アブラハヤ
コイ科
- ♠10cm ◆岡山県以東の本州
- ♣主に川の上・中流
- ♥雑食
- ★4〜7月に産卵。

うっすらと黒い帯

黒い帯

しりびれが大きい

ハス コイ科 🚫
- ♠25cm ◆琵琶湖・淀川水系・福井県三方湖。関東や愛知県・岡山県にも移植 ♣大河川の下流や湖沼 ♥動物食 ★5〜8月に産卵。口が大きく、「へ」の字に曲がっています。食用。

カワバタモロコ コイ科 🚫
- ♠4cm ◆本州中部以西・四国の瀬戸内側・九州北部
- ♣平野部の浅い池沼・ため池
- ♥雑食 ★6〜7月に産卵。おすはめすより小さいです。

マルタ コイ科
- ♠30cm ◆相模湾・富山湾以北の本州・北海道 ♣河口や内湾
- ♥雑食 ★海に下り、4〜6月の産卵期には川に上ります。

うろこが小さい

あざやかな赤いしまは婚姻色

ワタカ
コイ科 🚫
- ♠25cm ◆琵琶湖・淀川水系。関東以西の各地にも移植 ♣岸辺の水草地帯 ♥雑食 ★6〜7月に産卵。口は小さく、少し上を向いています。

24　♠大きさ(体長) ◆分布 ♣すみか ♥食性 ★特徴など 🚫絶滅危惧種

しりびれが大きい

散らばっている黒い点はアブラハヤより大きい

オイカワ
コイ科
♠13cm
◆関東以西の本州・四国・九州
♣川の中・下流や湖沼 ♥雑食
★5〜8月に産卵。からだに横じまがあります。食用。

タカハヤ
コイ科
♠9cm ◆中部地方以西の本州・四国・九州
♣川の上・中流 ♥雑食
★4〜7月に産卵。

下あごの方がわずかに長い

ウケクチウグイ コイ科
♠50cm ◆秋田県から新潟県 ♣大河川の上流から下流域
♥雑食 ★下あごが上あごより長いのが名前の由来です。

うろこが小さい

ウグイ コイ科
♠25cm ◆日本各地
♣河川、湖沼、内湾
♥雑食 ★2〜8月に産卵。陸封型と降海型がいます。産卵期には、からだにあざやかな赤いしまができます。

赤いしま模様がない

エゾウグイ
コイ科
♠20cm ◆東北地方・北海道 ♣川の底層
♥雑食
★5〜7月に産卵。

豆ちしき　ハスは体長15cmをこえるころから、小魚を好んで食べるようになります。

25

コイ・ナマズなどのなかま（淡水魚）

ヌマムツ
コイ科
- ♠13cm
- ◆本州中部以西・四国・九州
- ♣川の下流や湖沼
- ♥雑食
- ★5～8月に産卵。カワムツに似ていますが、それより細身です。

黒い帯
ふちが赤色か桃色
しりびれが大きい

カワムツ コイ科
黒い帯
しりびれが大きい
- ♠15cm
- ◆本州中部以西・四国・九州
- ♣川の上・中流
- ♥雑食
- ★5～8月に産卵。オイカワに似ていますが、黒い帯がはっきりとしています。

アブラヒガイ
コイ科 ⚕
黒い点
産卵管
- ♠15cm
- ◆琵琶湖
- ♣湖岸の中・底層
- ♥雑食
- ★4～6月に産卵。

ムギツク コイ科
太くて黒い帯
- ♠8cm
- ◆本州中部以西・四国・九州
- ♣川の中・下流
- ♥雑食
- ★5～6月にオヤニラミなどの巣に托卵します。

ほかの魚の巣に産卵するムギツク

ムギツクのめすは、ドンコやオヤニラミの巣に卵を産みます。これらの魚には親が卵を守る習性があることを利用して、自分の卵を守ってもらいます。このような行動を「托卵」といいます。

カワヒガイ
コイ科
- ♠12cm
- ◆愛知県以西の本州～九州北部
- ♣川の中・下流域と水路
- ♥雑食
- ★5～7月に産卵。

♠大きさ（体長）　◆分布　♣すみか　♥食性　★特徴など　⚕絶滅危惧種

口は小さく上を向いている
うろこのふちが黒い

モツゴ コイ科
♠6cm ♦関東地方以西の本州・四国・九州 ♣流れのゆるやかな川や湖沼 ♥雑食 ★3〜8月に産卵し、おすが卵を守ります。別名「クチボソ」。

ビワヒガイ コイ科
♠15cm ♦琵琶湖。東北〜九州北部の各地に移植 ♣湖や川の下流域 ♥雑食 ★4〜7月に産卵。形や色の変化が多いのが特徴です。

ハクレン コイ科
♠1m ♦東北地方から九州 ♣河川の下流の流れのゆるやかなところ ♥植物食(プランクトン食) ★中国・ベトナム原産。1943年以後各地で放流され、利根川水系には定着しています。空気呼吸ができ、6〜7月の産卵期に川でジャンプする姿が見られます。食用。

コクレン コイ科
♠1m ♦霞ヶ浦・利根川水系など ♣河川の下流の流れのゆるやかなところ ♥動物食(プランクトン食) ★アジア大陸南部原産。利根川で繁殖しています。ハクレンとともに「レンギョ」とも呼ばれます。食用。

アオウオ コイ科
♠1m ♦利根川など ♣平野の湖や川 ♥動物食 ★アジア大陸東部原産。6〜7月に産卵。食用。

ソウギョ コイ科
♠1m ♦利根川など ♣平野の湖や川 ♥植物食 ★アジア大陸東部原産。除草用に各地に放流されました。6〜7月に産卵。うろこに黒いふちどりがあります。食用。

豆ちしき　ハクレン、コクレン、アオウオ、ソウギョは、中国の「四大家魚」です。

モロコなどのなかま コイ目

コイ・ナマズなどのなかま（淡水魚）

モロコのなかまは、からだは細長く、下あごに口ひげがあります。淡水にすむ小魚の代表です。

ホンモロコ
コイ科 🔴
- ♠9cm ◆琵琶湖
- ♣湖の中・表層
- ♥動物食（プランクトン食）
- ★3〜7月に産卵。からだが細長いです。別名「モロコ」。食用。

口は小さく腹側に開く

ゼゼラ コイ科 🔴
- ♠6cm ◆濃尾平野から九州北部
- ♣湖や川の砂泥底 ♥雑食
- ★5〜8月に産卵。カマツカとちがって、口ひげはありません。

イトモロコ コイ科
- ♠5cm ◆愛知県以西の本州・四国・九州北部 ♣川の中・下流 ♥雑食
- ★5〜6月に産卵。からだは細長いです。

黒い点が並ぶ

ズナガニゴイ
コイ科
- ♠15cm ◆近畿地方以西の本州
- ♣中流域のわりあい流れのゆるい砂底
- ♥雑食 ★5〜6月に産卵。おどろくと、砂にもぐります。

ニゴイ コイ科
- ♠30cm ◆中部以北の本州・山口県・九州の一部
- ♣湖や大きな河川の中流〜汽水域 ♥雑食
- ★4〜6月に産卵。コイよりもほっそりとし、水質の悪い環境にもすみます。

網目のような模様

♠大きさ(体長) ◆分布 ♣すみか ♥食性 ★特徴など 🔴絶滅危惧種

スゴモロコ

コイ科
- ♠8cm ◆琵琶湖
- ♣湖の砂礫底
- ♥雑食
- ★5〜6月に産卵。

細長いからだ
1対の口ひげ

目が大きい

デメモロコ

コイ科
- ♠7cm ◆濃尾平野と琵琶湖
- ♣流れのゆるい河川・湖沼の底層
- ♥動食物 ★5〜8月に産卵。

細かい点のしま模様

タモロコ

コイ科
- ♠7cm ◆関東地方以西の本州・四国
- ♣湖や川、池などのよどみ ♥雑食
- ★4〜7月に産卵。ホンモロコよりもからだがずんぐりしています。

背びれは三角形

カマツカ

コイ科
- ♠15cm ◆青森県と秋田県をのぞく本州・四国・九州
- ♣川や湖の砂礫底 ♥雑食 ★5〜6月に産卵。口の周りに小突起があります。

背びれがまるい
1対の口ひげ

ツチフキ

コイ科
- ♠6cm ◆濃尾平野から九州北西部 ♣流れのゆるやかな川の泥底
- ♥雑食 ★4〜5月に産卵。カマツカとちがって、口の周りに小突起はありません。

豆ちしき カマツカは、よくのびる口を砂につっこんで、砂ごと食べものを吸いこみます。

コイ・ナマズなどのなかま（淡水魚）

ドジョウのなかま コイ目

からだは円筒形で、ぬるぬるとした粘液でおおわれています。
口ひげをもち、種によってひげの数はちがいます。

口ひげは5対

ドジョウ ドジョウ科
- ♠10cm ◆日本各地
- ♣小川・沼・水田などの泥底
- ♥雑食 ★4〜8月に産卵。泥にもぐって冬を越します。食用。

ドジョウのおなら
ドジョウはえらだけでなく、皮ふや腸でも呼吸します。水面で口から空気を吸い、あまった空気は、おならのように肛門から出します。

短い口ひげが3対

アジメドジョウ
ドジョウ科 🔴
- ♠7cm ◆北陸・中部・近畿地方
- ♣河川の上・中流の瀬 ♥藻類
- ★早春に産卵。口が下に開き、くちびるが吸盤状です。

尾びれの付け根の中央に暗色の斑紋がある
長い口ひげが4対

エゾホトケドジョウ
ドジョウ科 🔴
- ♠5cm ◆北海道
- ♣湿地帯を流れるきれいな川 ♥雑食
- ★6月ごろに産卵。ホトケドジョウとは、斑紋で区別できます。

尾びれの付け根に斑紋はない
口ひげが4対

ホトケドジョウ
ドジョウ科 🔴
- ♠4cm ◆青森県〜兵庫県の本州
- ♣水のきれいな川や水田 ♥雑食
- ★3〜6月に産卵。からだは太く短いです。

♠大きさ（体長）◆分布 ♣すみか ♥食性 ★特徴など 🔴絶滅危惧種

口ひげは3対

イシドジョウ
ドジョウ科 🇨🇭
- ♠5cm ◆島根・広島・山口・福岡の各県
- ♣河川の上・中流域の礫底 ♥雑食
- ★ずんどうなからだのドジョウです。

オオガタスジシマドジョウ
ドジョウ科 🇨🇭
- ♠8cm ◆琵琶湖
- ♣湖岸の砂底や砂礫底 ♥雑食
- ★模様が直線になる個体が多くいます。

7〜8本の暗い帯がある　　尾びれの後ろがくぼむ

アユモドキ
ドジョウ科 🇨🇭
- ♠10cm ◆琵琶湖・淀川水系・岡山県 ♣河川の岩場や石積みの付近 ♥動物食
- ★6〜9月に産卵。からだが薄いドジョウです。国指定天然記念物。

口ひげは3対

シマドジョウ
ドジョウ科 🇨🇭
- ♠7cm ◆山口県西部と四国南西部をのぞく本州と四国
- ♣水のきれいな川や湖の砂利底 ♥雑食 ★4〜6月に産卵。背中に暗色斑が1列に並びます。

ヤマトシマドジョウ
ドジョウ科 🇨🇭
- ♠8cm ◆山口県・九州
- ♣川の中・下流域の砂底 ♥雑食
- ★4〜6月に産卵。

フクドジョウ
ドジョウ科 🇨🇭
- ♠8cm ◆北海道
- ♣中・下流域の砂底
- ♥雑食 ★5〜6月に産卵。流水を好みます。

口ひげは3対　　尾びれの後ろが少しくぼむ

豆ちしき　ドジョウの産卵は、めすにおすが巻きつくようにして行われます。

ナマズ・ギギのなかま　ナマズ目

ナマズ目は、両あごに口ひげをもち、多くの種に脂びれがあります。
ギギ科は、胸びれの骨でギーギーと音を出します。

アカザ　アカザ科 🆘

尾びれの後ろはまるい

♠8cm ◆宮城県・秋田県以南の本州・四国・九州 ♣川の上・中流の石の下 ♥動物食 ★ひれのとげに毒があります。✿

アリアケギバチ　ギギ科 🆘

♠15cm ◆九州 ♣河川の中流の石の下やすき間 ♥動物食 ★ひれのとげに毒があります。✿

ギギ
ギギ科

脂びれ

♠20cm ◆琵琶湖以西の本州・四国・九州北東部 ♣湖の浅いところや川の中・下流の石の間 ♥動物食 ★5〜8月に産卵。胸びれの骨でギーギー音を出します。✿

尾びれの後ろのくぼみは深い

ギバチ
ギギ科 🆘

♠15cm ◆神奈川県と富山県以北の本州 ♣川の中流や湖岸の石の間 ♥動物食 ★6〜8月に産卵。尾びれのくぼみ具合がギギとちがいます。✿

尾びれの後ろのくぼみは浅い

ネコギギ
ギギ科 🆘

♠10cm ◆伊勢湾と三河湾にそそぐ河川 ♣川の上・中流の石の下 ♥動物食 ★ギバチよりもからだが太く短いです。国指定天然記念物。✿

♠大きさ(体長) ◆分布 ♣すみか ♥食性 ★特徴など ✿危険魚 ●特定外来生物 🆘絶滅危惧種

チャネルキャットフィッシュ
アメリカナマズ科 ●
♠50cm ◆霞ヶ浦など
♣湖沼や河川 ♥動物食
★北アメリカ原産。胸びれと背びれにするどいとげがあるため敵におそわれにくく、ほかの生き物を食べてしまいます。別名「アメリカナマズ」。食用。✿

イワトコナマズ
ナマズ科
♠50cm ◆琵琶湖・余呉湖
♣岩礁域や礫底
♥動物食
★ナマズに似ていますが、目が横に飛び出ています。

目が横に飛び出ていて、腹側からも見える

からだに不規則な斑紋がある

ナマズ ナマズ科
♠50cm ◆琉球列島をのぞく日本各地 ♣川や湖の泥底 ♥動物食
★5～7月に産卵。しりびれの基底が長いのが特徴です。食用。

尾びれは上の方が長い

ビワコオオナマズ
ナマズ科
♠80cm ◆琵琶湖・淀川水系 ♣湖の中・底層 ♥動物食 ★梅雨明けのころに産卵。尾びれの形がナマズとちがいます。

豆ちしき　ビワコオオナマズは日本最大のナマズで、体長120cmをこえるものもいます。

33

アユのなかま　サケ目・キュウリウオ亜目

からだが小さく、細長いものが多くいます。淡水にすむ魚と、淡水と海を行き来する魚がいます。

AR

口が大きい　脂びれ

アユ
アユ科
- ♠15cm ◆屋久島以北の日本各地 ♣川の上・中流の瀬
- ♥植物食 ★10〜11月に産卵し、1年で生涯を終えます。からだの前に大きくて黄色い斑紋があります。食用。

ワカサギ
キュウリウオ科
口が小さい　脂びれ
- ♠10cm ◆東京都・島根県以北の本州・北海道。日本各地に移植
- ♣沿岸や河川、湖沼 ♥動物食（プランクトン食）
- ★降海型と陸封型がいます。脂びれが小さく、腹びれが背びれより前にあります。食用。

サケ・マスのなかま　サケ目・サケ亜目

細長いぼうすい形で、背びれと腹びれがからだの中央近くにあります。産卵期になると、おすはあごが曲がります。

陸封型の成魚　白い点　脂びれ

アメマス サケ科
- ♠40cm ◆山形県・千葉県以北の本州と北海道 ♣20℃以下の水域
- ♥動物食 ★10〜11月に産卵。からだに白い点があります。降海型と陸封型があり、陸封型の別名は「エゾイワナ」。食用。

降海型の成魚

朱色の点　脂びれ

オショロコマ サケ科
- ♠20cm ◆北海道
- ♣河川の最上流 ♥動物食
- ★10〜11月に産卵。からだに朱色の点があるのが特徴です。ほとんどが陸封型ですが、降海型も一部います。食用。

♠大きさ（体長）　◆分布　♣すみか　♥食性　★特徴など

サケ サケ科

♠70cm ◆北日本 ♣川で生まれ、海で育つ ♥動物食 ★9～1月に産卵。
体高が低く、背やひれに黒い点はありません。別名「シロザケ」「アキアジ」「トキシラズ」「ケイジ」。食用。卵はイクラに加工されます。

サケの一生

　サケは川で生まれ、稚魚になると海に出て、北太平洋を回遊しながら成長します。数年後、自分の生まれた川に戻って産卵します。成魚は繁殖のあと、一生を終えます。

① 卵

川の上流に産卵します。受精から約30日で、卵の中に目が見えるようになります。

② 仔魚

受精から約60日でふ化します。仔魚は泳げるようになるまで、川底でじっとしています。

③ 稚魚

稚魚まで成長すると、川を下り海に出ます。

④ 海で成長

北太平洋を回遊しながら成長します。

⑤ 川を上る

産卵時期になると、生まれた川の上流に向かいます。滝も一気に上ります。

⑥ 産卵

川の上流でめすが川底の砂を掘り、くぼみをつくって産卵します。

豆ちしき　アユは縄張りをもち、ほかのアユが近づくと体当たりなどをして追い払います。

サケのなかま（淡水魚）

産卵のころにおすは口が曲がる
脂びれ
婚姻色

ギンザケ
サケ科

♠50cm ◆沿海州（ロシア日本海沿岸）中部から北太平洋 ♣日本沿岸ではまれ ♥動物食 ★背と尾びれの上部には、小さな黒い点があります。食用。

脂びれ
婚姻色

ビワマス
サケ科

♠40cm ◆琵琶湖 ♣湖の深場で生育 ♥動物食 ★10〜11月に産卵。別名「アメノウオ」。食用。

脂びれ
小さな朱色の点

ベニザケの陸封型（ヒメマス）
サケ科 🔴

♠25cm ◆北海道 ♣深くて水温の低い湖 ♥動物食 ★9〜11月に産卵。背と尾びれに黒い点があるものもいます。

ヤマトイワナ
サケ科

♠25cm ◆神奈川県〜和歌山県・琵琶湖水系 ♣最高水温13〜15℃の河川源流部 ♥動物食 ★からだの白い点は目立たず、朱色の点が目立ちます。食用。

産卵のころにおすは口が曲がる
脂びれ
婚姻色

ベニザケ
サケ科

♠50cm ◆北緯70度以北の太平洋 ♣日本沿岸ではまれ ♥動物食 ★産卵期になると、からだの色が紅色（赤色）になります。食用。

♠大きさ（体長） ◆分布 ♣すみか ♥食性 ★特徴など 🔴絶滅危惧種

頭の上が平ら / 脂びれ / 口が大きい / 尾びれはくぼむ / 幼魚

イトウ
サケ科 ❤

- ♠1.5m ◆北海道
- ♣下流域の湿地帯・湖沼 ♥動物食
- ★4〜5月に産卵。からだに小さな黒い点がたくさん並んでいます。

カラフトマス サケ科

- ♠50cm ◆岩手県・富山県以北の本州と北海道 ♣近海 ♥動物食
- ★6〜9月に産卵。稚魚にパーマークはありません。食用。

パーマーク
サケのなかまの稚魚にある、黒っぽい円形の模様をパーマークといいます。海に下り成魚になると、この模様は消えてしまいます。

パーマーク / サケの稚魚

脂びれ / 黒い点 / 脂びれ / 産卵のころにおすは口が曲がる / ♂ / ♀ / 婚姻色

クニマス
サケ科 ❤

- ♠40cm ◆山梨県西湖
- ♣湖の深場 ♥動物食
- ★ヒメマスによく似ています。

絶滅したと思われていたクニマス
むかしクニマスは、秋田県の田沢湖にだけ生息していました。1940年に湖の近くに発電所ができたとき、強い酸性の水が湖に流れこみ、クニマスは絶滅しました。しかし、絶滅前に卵を各地の湖に放流しており、2010年に山梨県の西湖でクニマスが生息していることがわかりました。

豆ちしき クニマスは西湖での発見により、「絶滅」から「野生絶滅」に指定変更されました。

サケのなかま（淡水魚）

サクラマス
サケ科
- ♠40cm ◆山口県以北の日本海・静岡県以北の太平洋
- ♣沿岸 ♥動物食
- ★8〜10月に産卵。背や脂びれは黒みがかっています。食用。

サクラマスの陸封型（ヤマメ）
サケ科
- ♠30cm ◆関東以北の太平洋側と日本海側全域。屋久島以北の日本各地に移植
- ♣水のきれいな渓流 ♥動物食
- ★8〜10月に産卵。産卵期には、からだの色が黒ずみます。食用。

サツキマスの陸封型（アマゴ）
サケ科
- ♠25cm ◆神奈川県以南の太平洋側・琵琶湖・四国・九州 ♣山間の谷川
- ♥動物食 ★10〜11月に産卵。ヤマメとちがって、からだに赤い点があります。

サツキマス サケ科
- ♠35cm ◆静岡県〜九州の太平洋側
- ♣河川や沿岸 ♥動物食 ★10〜11月に産卵。食用。

発見！

降海型と陸封型

　サケのなかまのうち、川や湖で生まれ、海に出て成長するものを「降海型」、同じ種でも一生を川や湖ですごすものを「陸封型」といいます。降海型と陸封型では、からだの大きさや見た目がちがい、ベニザケのように同じ種でも別の名前で呼ばれるものがいます。

ベニザケのめす（婚姻色）
海で成長して、産卵するために湖にもどります。

ヒメマスのめす（婚姻色）
一生を湖ですごすベニザケの陸封型です。降海型より小型です。

♠大きさ（体長） ◆分布 ♣すみか ♥食性 ★特徴など

マスノスケ
サケ科
- ♠1m ◆北日本
- ♣日本沿岸ではまれ ♥動物食
- ★背、背びれ、尾びれに黒い斑点があります。食用。

尾びれのふちが黒い
脂びれ

カワマス サケ科
- ♠30cm ◆本州中部以北
- ♣河川の上流域 ♥動物食
- ★1902年にアメリカから移入されました。どうもうな性格でフライフィッシングの対象になっています。

レイクトラウト サケ科
- ♠90cm ◆中禅寺湖
- ♣水温20℃の湖沼 ♥動物食
- ★1966年にカナダから移入されました。背びれの後ろに脂びれがあります。どうもうな性格です。

ブラウントラウト
サケ科
- ♠50cm ◆日本各地に放流
- ♣水が冷たい川や湖沼 ♥動物食
- ★ヨーロッパ原産。シューベルト作曲「鱒」のモデルとなった魚です。背びれの後ろに脂びれがあります。

ニジマス
サケ科
- ♠40cm ◆日本各地
- ♣湖沼・河川・養殖池 ♥動物食
- ★1877年に北アメリカから移入されました。からだの真ん中にピンク色のしまがあります。10～3月に産卵。食用。

豆ちしき　ヤマメやアマゴは、成魚のからだにもパーマーク（37ページで説明）があります。

トゲウオなどのなかま

トゲウオ目・トゲウオ亜目／タウナギ目

イトヨなど、トゲウオ目は背びれのとげが分かれています。
タウナギ目はからだがウナギ形で、腹びれがありません。

小さくて多いとげ　　うろこが1列に並ぶ

トミヨ属淡水型　トゲウオ科
- ♠7cm ◆福井県と岩手県以北の本州・北海道
- ♣冷たい水のわく池や小川 ♥動物食
- ★水草で巣をつくり、産卵します。トミヨ属雄物型とよく似ています。

小さくて多いとげ

トミヨ属雄物型
トゲウオ科 🔶
- ♠5cm ◆秋田県雄物川・山形県最上川など
- ♣水のきれいな細流や湖沼
- ♥動物食 ★水草で巣をつくり、産卵します。

ハリヨ
トゲウオ科 🔶
- ♠5cm ◆岐阜県・三重県・滋賀県・兵庫県 ♣冷たい水源をもつゆるやかな流れの川 ♥動物食 ★水草で巣をつくり、産卵します。

♠大きさ(体長) ◆分布 ♣すみか ♥食性 ★特徴など 🔶絶滅危惧種

3本のとげ

イトヨ
トゲウオ科

♠5〜8cm
◆北海道・青森県・福島県・栃木県・福井県
♣陸封型と降海型がある ♥動物食
★4〜7月に産卵。ハリヨとよく似ています。

尾びれ以外のひれがない

下側にえらあながある

タウナギ
タウナギ科

♠50cm(全長) ◆関東地方以南の日本各地に移入 ♣水田や池沼など ♥動物食
★初夏に産卵。ときどき水面から顔を出して、空気呼吸をします。

発見!

巣をつくる魚

　ハリヨやイトヨ、トミヨのおすは、自分の縄張りの中に水草で巣をつくります。その巣にめすをさそいこんで、産卵させます。

ハリヨの巣づくり

おすは巣材となる水草を口にくわえて運び、肛門から出した粘液を接着剤にして、巣材を固めていきます。

からだを使って巣材をおしこんで、固定させます。

巣が完成するとめすをさそいこみ、巣の中に産卵させます。

豆ちしき ハリヨなどのおすは、巣をつくるだけでなく、卵と稚魚の世話もします。

メダカのなかま

　日本の野生のメダカは大きく分けると、ミナミメダカとキタノメダカの2種類です。環境の変化の影響や、外来種の魚による捕食などで数が減り、絶滅が心配されています。

おす　背びれに切れ目がある

めす　しりびれは、すじの先が分かれている

ミナミメダカ メダカ科 🇯🇵

♠おす3.2cm めす3.6cm ♦下北半島から兵庫県までの日本海側をのぞく各地。北海道には移植。 ♣平地の池や川の流れがゆるやかなところ ♥動物食（プランクトン食）

おす　背びれの切れ目がミナミメダカよりも大きい

めす

キタノメダカ メダカ科 🇯🇵

♠おす3.2cm めす3.3cm ♦下北半島から兵庫県までの日本海側の各地 ♣平野の河川、湖沼、水田など ♥動物食（プランクトン食）

からだはだいだい色

メダカの改良品種

AR

ヒメダカ メダカ科

♠4cm ♥動物食（プランクトン食）
★観賞魚として養殖されています。池などで野生のものが見られることもあります。

外国から来たメダカに似たなかま

カダヤシ カダヤシ科 🔴

♠おす3cm めす4cm ♦福島県以南の日本各地 ♣浅い池・沼・溝 ♥雑食 ★アメリカ原産。カの天敵として世界中に移入されました。

グッピー カダヤシ科

♠おす3cm めす5cm ♦本州・九州・沖縄県 ♣温泉地などの小川 ♥雑食 ★改良されて品種が増えました。

稚魚を産むカダヤシ。カダヤシやグッピーは、卵ではなく稚魚を直接産みます。

スズキのなかま　スズキ目・スズキ亜目

背びれ、しりびれ、腹びれにとげがあります。

ユゴイ ユゴイ科
♠17cm ◆南日本・琉球列島 ♣河川の中流から汽水域 ♥動物食
★卵から稚魚までは海でくらし、成魚すると汽水域や河川に入ります。

黒い点
へりが黒い

目のような模様　まるくふくらむ

オヤニラミ
ケツギョ科 🇯🇵
♠11cm ◆京都府以西の本州・北九州・香川県 ♣河川中流域の水のきれいなところ ♥動物食 ★初夏に産卵し、おすが卵と稚魚を守ります。

カジカのなかま　スズキ目・カジカ亜目

体内にうきぶくろがなく、多くが水底でくらしています。

黒い斑　　頭は平ら　黒い斑
腹びれは1対

ヤマノカミ カジカ科 🇯🇵
♠17cm ◆九州の筑後川など有明海に注ぐ河川 ♣川の上流から河口域の小石底 ♥動物食 ★冬に二枚貝のからなどに産卵します。

ウツセミカジカ カジカ科 🇯🇵
♠17cm ◆九州北西部以北の日本各地 ♣河川の中・下流域 ♥動物食（水生昆虫など）★川で産卵し、稚魚は海や湖で1か月ほどくらし、川に戻ります。

カマキリ（アユカケ）
カジカ科 🇯🇵
♠25cm ◆青森県から島根県の日本海側・高知県までの太平洋側・九州の一部 ♣河川中流域の小石底 ♥動物食（小魚）
★えらぶたにとげがあります。

頭は平ら

♠大きさ(体長) ◆分布 ♣すみか ♥食性 ★特徴など ●特定外来生物 🇯🇵絶滅危惧種

ハゼのなかま スズキ目・ハゼ亜目

多くが水底で生活し、うきぶくろがありません。
腹びれが吸盤状に変形しているものが多くいます。

ドンコ ドンコ科
- ♠15cm ◆南日本
- ♣湖や川 ♥動物食
- ★ムギツクに托卵されることがあります。腹びれは吸盤状ではありません。

黒い模様
腹びれは左右に分かれている

ツバサハゼ
ツバサハゼ科 🇨🇭
- ♠20cm ◆琉球列島
- ♣流れの速い渓流 ♥植物食
- ★日本では数が少ない希少種です。

上から

腹びれは左右に分かれている

黒い帯
おすの背びれは黒地に白の模様

腹びれは左右に分かれている

タナゴモドキ カワアナゴ科 🇨🇭
- ♠6cm ◆南日本・琉球列島
- ♣河川や水田、湿地帯 ♥動物食
- ★生息地が減っています。

♂ ♀

腹びれは左右に分かれている

カワアナゴ
カワアナゴ科
- ♠20cm ◆南日本
- ♣川の下流や汽水域の泥底
- ♥動物食 ★夜行性です。腹びれは吸盤状ではありません。

♠大きさ(体長) ◆分布 ♣すみか ♥食性 ★特徴など ☀危険魚 🇨🇭絶滅危惧種

からだは細長く透明 / 背びれは1つ / 細くならない / 腹びれは吸盤状

シロウオ ハゼ科
- ♠4cm ◆琉球列島をのぞく日本各地
- ♣沿岸や内湾 ♥雑食
- ★シラウオに似ていますが、まったくちがう種です。食用。

のびる / 大きな黒っぽい斑点が並ぶ

ツムギハゼ ハゼ科
- ♠12cm ◆南日本・琉球列島
- ♣河口や内湾の砂泥底
- ♥雑食
- ★強い毒をもちます。☠

黒い斑点 / 黒い斑点

ウキゴリ ハゼ科
- ♠12cm ◆琉球列島をのぞく日本各地
- ♣湖沼の砂礫地と川の中・下流域 ♥動物食
- ★中層を泳ぐことがよくあります。食用。

ヒナハゼ ハゼ科
- ♠3cm ◆南日本・琉球列島
- ♣汽水域 ♥動物食
- ★成長したおすは、口が大きくなります。

アベハゼ
ハゼ科
- ♠4cm ◆南日本
- ♣汽水域 ♥動物食
- ★水のきたない場所でも見られます。

黒の2本のしま / しま模様

豆ちしき ツムギハゼは筋肉や皮ふに、フグと同じ猛毒（テトロドトキシン）をもちます。

スズキのなかま（淡水魚・汽水魚）

ゴクラクハゼ
ハゼ科
- ♠7cm ◆南日本・琉球列島 ♣川の下流から汽水域 ♥動物食
- ★稚魚は海に下ります。

頭部が大きい / とぎれとぎれの黒い帯

胸びれの付け根に斑点 / 尾びれの付け根に斑点 / ほおにしま模様 / 尾びれに模様

カワヨシノボリ
ハゼ科
- ♠6cm ◆静岡県・富山県〜九州北部 ♣川の上・中流の砂利底 ♥雑食
- ★一生を川で過ごします。

ヨシノボリのなかまの区別
からだの色や模様で区別します（写真はシマヨシノボリ）。

ほおの模様 / 尾びれの模様 / 胸びれの付け根の斑点 / 尾びれの付け根の斑点

シマヨシノボリ
ハゼ科
- ♠6cm ◆北海道をのぞく日本各地 ♣川の中流 ♥雑食
- ★ほおに赤いしま模様があります。

ビリンゴにくらべて口が大きい / 下側に模様はない

ルリヨシノボリ
ハゼ科
- ♠9cm ◆沖縄県をのぞく日本各地 ♣川の上流から中流 ♥雑食
- ★ほおに青（瑠璃色）の斑点があります。

エドハゼ ハゼ科 🆘
- ♠5cm ◆南日本 ♣汽水域 ♥動物食
- ★成長しためすは、背びれの後方に黒い斑があらわれます。

♠大きさ（体長） ◆分布 ♣すみか ♥食性 ★特徴など 🆘絶滅危惧種

チチブ

ハゼ科

♠9cm ◆琉球列島をのぞく日本各地 ♣汽水域から淡水域 ♥雑食 ★おすが卵を守ります。食用。

黒い斑点

ジュズカケハゼ

ハゼ科

♠6cm ◆北日本 ♣河川の中・下流域、池や沼 ♥雑食 ★産卵期のめすは、からだに黄色い横帯があらわれます。

おすは糸のようにのびる

腹びれは吸盤状 からだは茶色

ボウズハゼ ハゼ科

♠15cm ◆南日本・琉球列島 ♣河川 ♥植物食 ★稚魚は海に下り、成長すると川を上ります。

おすのからだは青い

腹びれは吸盤状 おすは上下に黒いすじ

ルリボウズハゼ ハゼ科

♠10cm ◆小笠原諸島・琉球列島 ♣河川の上流域 ♥植物食 ★産卵期のおすは、からだが青（瑠璃色）になります。

ビリンゴ ハゼ科

♠6cm ◆本州・四国・九州 ♣内湾や河口、湖沼 ♥雑食 ★ジュズカケハゼに似ていますが、薄い色をしています。食用。

豆ちしき　ボウズハゼは吸盤状の口と腹びれを岩につけて、滝を上ることができます。

47

タイワンドジョウのなかま スズキ目・タイワンドジョウ亜目

からだが細長く、ひれにとげはありません。

カムルチー タイワンドジョウ科
♠60cm ◆日本各地 ♣流れのほとんどない池や水路 ♥動物食 ★アジア大陸東部原産。5〜8月に産卵し、稚魚があるていど大きくなるまでおすが守ります。

タイワンドジョウ タイワンドジョウ科
♠60cm ◆近畿地方・香川県・沖縄県 ♣流れのほとんどない池や水路 ♥動物食 ★中国南部・ベトナム・台湾原産。空気呼吸します。カムルチーとともに「ライギョ」とも呼ばれます。

カワスズメのなかま スズキ目・スズキ亜目

シクリッドとも呼ばれます。親が口の中で卵や稚魚を守る種がいます。

カワスズメ カワスズメ科
♠40cm ◆南日本 ♣河川の下流域や河口 ♥雑食 ★東アフリカ原産。おすが卵を口にふくんで守るマウスブルーダーです。食用。

口の中で卵を守る
カワスズメのように、親が卵や稚魚を口に入れて守る生き物は、マウスブルーダーと呼ばれます。

口から稚魚を出すナイルティラピア

ナイルティラピア（チカダイ）
カワスズメ科
♠50cm ◆南日本 ♣河川の下流域や河口 ♥雑食 ★アフリカ原産。めすが口の中で卵や稚魚を守るマウスブルーダーです。食用として養殖もされています。

サンフィッシュのなかま　スズキ目・スズキ亜目

多くの種が巣をつくり、おすは卵と稚魚を守りながら育てます。

ブルーギル サンフィッシュ科 ●
♠25cm ◆日本各地 ♣湖沼や河川
♥動物食 ★北アメリカ東部原産。もともとすんでいる魚や希少昆虫などを食べてしまうため、放流は禁じられています。春から夏に産卵します。

コクチバス サンフィッシュ科 ●
♠40cm ◆長野県（木崎湖）・福島県（桧原湖）など ♣湖沼や河川 ♥動物食
★北アメリカ原産。釣り人が放流して各地に広がり、もともとすんでいる魚が減少してしまい問題になっています。

オオクチバス（ブラックバス）
サンフィッシュ科 ●
♠50cm ◆日本各地 ♣湖沼や河川
♥動物食 ★北アメリカ原産。釣り人が放流して各地に広がりました。もともといる魚を食べるため、放流は禁じられています。5〜7月に産卵します。

ガーのなかま　ガー目

からだが細長く、上下のあごが前方に長くつき出ています。

アリゲーターガー ガー科 ●
♠3m ◆日本各地 ♣湖沼や河川
♥動物食 ★北アメリカ南部、中米原産。ワニのような長い口とするどい歯をもつ大型の魚です。飼育されていたものが放流されています。

スポッテッドガー ガー科 ●
♠80cm ◆日本各地 ★北アメリカ東部・南部原産。うきぶくろで空気呼吸をします。このなかまは、中生代から新生代の初めにかけては世界中にいたとされています。

豆ちしき 48・49ページの魚は、すべて外国から日本にもちこまれた魚です。

いろいろな金魚・錦鯉

金魚も錦鯉も、人が鑑賞魚として楽しむためにつくり出された魚です。品種改良されて、種類を増やしてきました。

金魚のなかま

むかし中国で、フナから変異したヒブナをもとにつくられました。日本には室町時代に入り、江戸時代に広まりました。現在、日本では、約30の品種があるといわれています。

琉金
江戸時代に、中国から琉球を経由して伝わったのでこの名がつきました。まるいからだに長い尾びれが特徴です。

和金
中国から最初に伝わったといわれる品種で、フナに最も近い体形の金魚です。

土佐金
高知県の天然記念物。土佐錦と書くこともあります。尾びれの先が反り返っているのが特徴です。

朱文金
透明なうろこをもち、色合いが複雑な種類です。

黒出目金
目が飛び出ているので出目金と呼ばれます。ビロードのような独特の黒色です。

錦鯉のなかま

江戸時代に食用として養殖されていたコイが、鑑賞用に改良されたものです。形や習性はコイと同じです。

黄金
全身が金色に輝く体形です。

らんちゅう
金魚の王様といわれる品種で、頭に肉瘤というやわらかいこぶがあります。背びれはありません。

頂天眼
飛び出た目が上を向く金魚で、背びれはありません。中国でつくり出されました。

丹頂
からだは白く、頭頂部だけが赤い金魚です。中国でつくり出されました。

オランダシシガシラ
優雅な姿で、金魚の女王ともいわれます。40cmをこえる大きなものもいます。

パールスケール
真珠（パール）のように盛り上がったうろこ（スケール）が特徴です。いろいろな色のものがいます。

コメット
琉金をもとにつくり出されました。長い尾をもつ姿から、コメット（すい星）の名が付きました。

水泡眼
ほおにリンパ液が入った水泡があり、背びれがないことが多い品種です。中国でつくり出されました。

大正三色
赤、白、黒の3色です。

緋写り
赤に黒い模様のある錦鯉です。

紅白
赤と白の2色です。

51

海水魚
（かいすいぎょ）

日本の周辺の海にすむ魚を約620種紹介します。海岸近くの浅いところから、海の深くにまでいろいろな種類がいます。

海の表層をおよぐジンベエザメ
全長およそ13mで、体重は最大で20トンにもなる世界最大の魚です。

59ページ

ゆっくりおよぐマンボウ
体の大きさは4mほどの大きな魚です。背びれとしりびれを鳥のつばさのように動かして、ゆったりとおよぎます。

202ページ

海水魚の分布

海の魚の分布は、海流と密接な関係があります。寒流系に分布するものを北日本、暖流系に分布するものを南日本（種子島をふくむ）としています。屋久島から与那国島に分布するものを琉球列島としています。

リマン海流／対馬海流／北日本／南日本／親潮（千島海流）／北日本／南日本／黒潮（日本海流）／南日本／琉球列島

キヌバリ 175ページ

オヤビッチャの幼魚
（上はシマスズメダイの幼魚）
145ページ

磯や潮だまりの魚

ダンゴウオ 162ページ

潮が引くと岩場に海水が取り残されてできる水たまりを潮だまり（タイドプール）といます。水深の浅い場所にすむ魚や、幼魚などを観察することができます。

ニシキベラ 153ページ

干潟

海岸で潮がひくとあらわれる干潟では、泥の上をはう魚が見られます。

ムツゴロウ 173ページ

岩礁の魚

沿岸の岩礁には岩の間やかげにかくれるようにすむ魚が多くいます。

岩の間をおよぐ テングダイ
日本各地の海の岩礁や砂底でも見られます。
141 ページ

ソラスズメダイ
145 ページ

ベニカエルアンコウ
79 ページ

ユカタハタ
104 ページ

水底の魚

砂から体を出す チンアナゴ
体の半分以上をいつも砂の中にかくしています。
70 ページ

シビレエイ
66 ページ

ホウボウ
97 ページ

サンゴ礁の魚

水温が20℃～25℃のあたたかい環境の海にいる魚です。サンゴ礁の地形には、体をかくせる場所も多く、体の小さな魚が多くいます。

群れになっておよぐ キンギョハナダイ
観賞魚としても人気で水族館の展示でもよく見ることができます。
101ページ

デバスズメダイ 146ページ

モンガラカワハギ 194ページ

ハマクマノミ 143ページ

トゲチョウチョウウオ 132ページ

メガネモチノウオ 156ページ

ハナヒゲウツボ 69ページ

55

沖から外洋の魚

からだの大きな魚も多く、何千kmもの距離を移動する種もいます。

海の表面を滑空するトビウオ

大きな魚に追われると、海面から飛び出し、胸びれを左右に広げて飛んでにげます。

88 ページ

タチウオ
185 ページ

キハダ
187 ページ

深い海の魚

海の底でほとんど動かない魚や、表層から深海を行き来するものがいます。

アンコウ
78 ページ

表層近くをおよぐバショウカジキ
いちばん速くおよぐ魚で、およそ時速100kmの速さでおよぎます。

183 ページ

ヒレナガカンパチ
112 ページ

カツオ
187 ページ

キンメダイ
80 ページ

ヌタウナギのなかま　ヌタウナギ目

あごがない「無顎上綱」というグループの魚です。魚の中で最も原始的なからだのつくりで、すでに絶滅した種もいますが、ヌタウナギなど数種がいます。

えらあなは6対か7対

目は退化していて、4対の口ひげがある

ねばねばの体液
ヌタウナギのなかまは危険を感じると、体の表面からねばねばの体液を出します。

ヌタウナギが出した体液

ヌタウナギ　ヌタウナギ科
♠60cm（全長）　◆南日本
♣水深750m以浅の砂泥底
♥動物食　★卵生。えらあなは6対か7対です。

ギンザメのなかま　ギンザメ目

ギンザメ目のギンザメは、えらあなが1対しかありません。
ギンザメ目以外の、サメやエイのなかまには、5〜7対のえらあながあります。

強いとげ
第2背びれは短く、基底は長い
えらあなは1対
上から

ギンザメ　ギンザメ科
♠1m（全長）　◆琉球列島をのぞく日本各地　♣水深700m以浅の海底　♥動物食（底生の小動物）　★卵生。第1背びれに強いとげがあります。

♠大きさ　◆分布　♣すみか　♥食性　★特徴など　☠危険魚

ネコザメのなかま　ネコザメ目

海底でくらし、かたい歯で貝などをかみくだきます。

ネコザメ ネコザメ科
- ♠1m（全長）　◆南日本
- ♣水深150m以浅の海底
- ♥動物食（底生の小動物）
- ★春に産卵。2つの背びれに強いとげをもっています。別名「サザエワリ」。❋

テンジクザメのなかま　テンジクザメ目

背びれは2つで、えらあなは5対あります。
ジンベエザメ以外は、海底でくらしています。

オオセ オオセ科
- ♠1m（全長）　◆南日本・琉球列島　♣浅海の海底　♥動物食
- ★胎生。人をおそうこともあります。❋

イヌザメ テンジクザメ科
- ♠1m（全長）　◆琉球列島
- ♣浅海の海底　♥動物食
- ★卵生。

ジンベエザメ ジンベエザメ科
- ♠13m（全長）　◆南日本・琉球列島　♣表層　♥動物食（プランクトン食）
- ★胎生。世界で最も大きな魚です。別名「エベスザメ」。

3D

ネズミザメのなかま　ネズミザメ目

背びれは2つで、えらあなは5対あります。
口が大きく、目の後方までのびています。

頭の先がへらの
ような形

ミツクリザメ　ミツクリザメ科
♠5m（全長）　◆南日本　♣水深600m以浅の海底　♥動物食
★胎生。頭がへらのような形をしています。

下の尾びれは短い

シロワニ
オオワニザメ科🆘
♠3m（全長）　◆南日本・琉球列島　♣浅海　♥動物食
★胎生。人をおそうこともあります。尾びれの上が長く、下は短くなっています。
2017年に初めて公表された、海洋生物の絶滅危惧種のひとつです。✺

メガマウスザメ
メガマウスザメ科
♠7m（全長）　◆南日本
♣外洋の中・表層
♥動物食（プランクトン食）
★大きな口が特徴で、原始的なからだのつくりが残っています。

♠大きさ　◆分布　♣すみか　♥食性　★特徴など　✺危険魚　🆘絶滅危惧種

ホホジロザメ

ネズミザメ科 🇨🇭
♠6m（全長） ◆琉球列島をのぞく日本各地 ♣沿岸〜外洋の表層 ♥動物食
★胎生。サメの中では大型です。性格があらく、人をおそうこともあります。☀

ウバザメ

ウバザメ科
♠10m（全長） ◆日本各地
♣外洋の中・表層
♥動物食（プランクトン食）
★サメの中で2番目に大きな種で、口は大きく開けることができます。

電気を感じられる器官

サメのなかまの頭の先や口の周りには、ロレンチーニ器官と呼ばれる小さなあながあり、生き物が発する弱い電気を感じることができます。

あな

ニタリ オナガザメ科 🈲

- ♠4m（全長） ◆南日本・琉球列島 ◉外洋の表層 ♥動物食
- ★胎生。夏に子を産みます。上の尾びれが長いのが特徴です。✿

上の尾びれが長い

何度でも生えかわる歯

サメのなかまの歯は、内側に予備の歯が並んでいます。外側の歯が折れてしまっても、何度でも新しい歯が生えてきます。

発見！

サメのなかまの卵

　サメのなかまには、卵を産むもの（卵生）、仔魚を直接産むもの（胎生）がいます。なかには、からだの中で卵をふ化させてから産むもの（卵胎生）もいます。卵生のサメの卵は、じょうぶなからに包まれています。

ネコザメの卵
卵は、ドリルのようにらせん状にねじれた形のからに包まれています。

ナヌカザメの卵
4つのすみからのびる巻きひげで、海藻に固定されています。

AR

トラザメの卵
両はしからのびる巻きひげで、海藻などに固定されます。

♠大きさ ◆分布 ◉すみか ♥食性 ★特徴など ✿危険魚 🈲絶滅危惧種

メジロザメのなかま メジロザメ目

サメ類の半分以上はメジロザメ目で、最大のグループです。
背びれは2つで、えらあなは5対あります。

シロシュモクザメ

シュモクザメ科

♠4m(全長) ◆日本各地
♣沿岸～外洋の中・表層 ♥動物食
★胎生。頭はハンマーのような形で、両端に目があります。

頭はハンマーのような形

トラザメ

トラザメ科

♠50cm(全長) ◆琉球列島をのぞく日本各地 ♣水深100～350mの海底 ♥動物食
★卵生。からだが細く、頭の先がまるくなっています。

第1背びれは腹びれより後ろ

ナヌカザメ トラザメ科

♠1m(全長) ◆日本各地 ♣水深700m以浅の海底 ♥動物食
★卵生。おどろくと腹部をふくらませます。別名「トラブカ」「ネコブカ」。

チヒロザメ チヒロザメ科

♠3m(全長) ◆南日本・琉球列島 ♣水深200～2000mの底層 ♥動物食
★胎生。前の背びれが長いのが特徴です。

豆ちしき サメのなかまは、哺乳類と同じように交尾を行います。

63

サメのなかま

幅広い暗色のしま模様

ドチザメ ドチザメ科
♠1.5m（全長）　◆琉球列島をのぞく日本各地　♣浅海の底層　♥動物食　★胎生。春に子を産みます。からだにしま模様があります。

黒のまだら模様

イタチザメ メジロザメ科
♠5.5m（全長）　◆日本各地　♣沿岸〜外洋の中・表層　♥動物食　★胎生。しま模様は成長すると薄くなります。別名「サバブカ」。食用。☀

ネムリブカ
メジロザメ科
♠2m（全長）
◆琉球列島
♣水深300m以浅の底層
♥動物食　★胎生。夜行性のサメです。背びれや尾びれの先が白くなっています。

背は灰色

オオメジロザメ
メジロザメ科
♠3.5m（全長）　◆琉球列島　♣浅海域、まれに淡水域　♥動物食　★胎生。頭の先がまるくなっています。別名「ウシザメ」。

♠大きさ　◆分布　♣すみか　♥食性　★特徴など　☀危険魚

カスザメのなかま　カスザメ目

胸びれが大きく、背びれは2つで、
体形はエイに似ています。

カスザメ
カスザメ科
- ♠ 2m（全長）
- ◆ 日本各地
- ♣ 浅海の砂泥底
- ♥ 動物食　★ 胎生。

からだは平たく、大きな胸びれが特徴です。
食用。

胸びれ

ノコギリザメのなかま　ノコギリザメ目

平たくて長いくちばし（吻）がのび、その両ふちにはとげがあります。
とげは大きさがちがっていて、取れてもまた生えてきます。

のこぎりのような長いくちばし

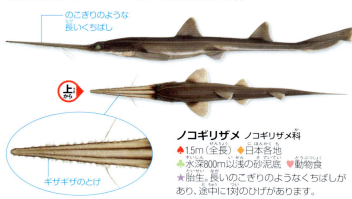

ギザギザのとげ

ノコギリザメ　ノコギリザメ科
- ♠ 1.5m（全長）
- ◆ 日本各地
- ♣ 水深800m以浅の砂泥底　♥ 動物食
- ★ 胎生。長いのこぎりのようなくちばしがあり、途中に1対のひげがあります。

豆ちしき　ネムリブカは、昼間は岩の下などで休んでいることからこの名がつきました。

65

エイのなかま サカタザメ目／シビレエイ目／トビエイ目

からだは上下に平たく、大きな胸びれと、細長い尾が特徴です。エイの標本はすべて上からの写真です。

腹びれ ／ 第1背びれは腹びれより後ろ

サカタザメ
サカタザメ科
- ♠1m（全長） ◆南日本
- ♣浅海の砂泥底
- ♥動物食 ★胎生。からだは前がエイ、後ろがサメに似ています。食用。

背びれは1つ

シビレエイ シビレエイ科
- ♠40cm（全長） ◆南日本
- ♣浅海の砂泥底 ♥動物食
- ★胎生。触られると放電します。☢

からだはひし形
尾は細くて短い

ツバクロエイ
ツバクロエイ科
- ♠1m（全長） ◆南日本
- ♣水深100m以浅の海底
- ♥動物食
- ★胎生。食用。☢

ヒラタエイ ヒラタエイ科
- ♠50cm（全長） ◆南日本
- ♣浅海の砂泥底 ♥動物食
- ★胎生。尾のとげに毒があります。☢

とげ

アカエイ アカエイ科
- ♠1.5m（全長） ◆南日本
- ♣水深800m以浅の砂泥底
- ♥動物食 ★胎生。尾のとげに毒があります。食用。☢

毒のあるとげ

アカエイの尾には毒のあるとげがあります。さされると激しい痛みが続きます。

♠大きさ ◆分布 ♣すみか ♥食性 ★特徴など ☢危険魚

オニイトマキエイ イトマキエイ科
- ♠4m（全長） ◆日本各地
- ♣外洋の中・表層 ♥動物食（プランクトン食）
- ★胎生。口は頭の先端にあります。
別名「マンタ」。

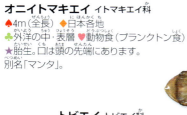

胸びれ

トビエイ トビエイ科
- ♠1.5m（全長） ◆日本各地
- ♣沿岸の底・中層 ♥動物食
- ★胎生。三角形の胸びれを動かして泳ぎます。☀

発見！

「えらあな」で酸素をとりこむ

水中の酸素をとりこんで呼吸をするためのえらあなが、サメのなかまはからだの横に、エイのなかまは腹側にあります。

メジロザメのなかま
えらあなが、からだの横にあります。

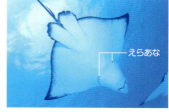

えらあな

エイのなかま
えらあなが、からだの腹側にあります。

豆ちしき シビレエイが放電する電圧は弱く、命に危険はありませんが、近づくのは危険です。

チョウザメのなかま　チョウザメ目

からだはかたいうろこでおおわれていて、ひげを使って食べものを探します。サメに似ていますが、サメのなかまではありません。

ダウリアチョウザメ チョウザメ科
♠1.8m ◆北海道 ♣沿岸 ♥動物食 ★卵生。4本の平たい口ひげがあります。

チョウザメ チョウザメ科 🈲
♠1.2m ◆北日本 ♣沿岸と川 ♥動物食
★卵生。口ひげが4本あります。別名「カワザメ」。

ソトイワシ・ウツボなどのなかま　ソトイワシ目／ウナギ目

ソトイワシ目もウナギ目も、レプトケファルス幼生と呼ばれる仔魚期をへて成長します。

ソトイワシ ソトイワシ科
♠80cm ◆南日本・琉球列島
♣沿岸の底層
♥動物食
★下あごが上あごよりも短いのが特徴です。

下あごが短い

モヨウモンガラドオシ
ウミヘビ科
♠40cm（全長）◆南日本・琉球列島
♣沿岸の砂泥底 ♥動物食
★からだに黒い斑点が並んでいます。

♠大きさ(体長) ◆分布 ♣すみか ♥食性 ★特徴など 🈲危険魚 🈲絶滅危惧種

ウツボ ウツボ科
- ♠80cm（全長） ◆南日本・琉球列島
- ♣沿岸の岩礁域 ♥動物食
- ★からだに横帯があります。☼

トラウツボ ウツボ科
- ♠90cm（全長） ◆南日本・琉球列島
- ♣沿岸の岩礁域 ♥動物食
- ★2対の管状の鼻のあなが飛び出しています。☼

黒褐色にふちどられた白い斑点がたくさんある

両あごは細く曲がっている

トラウツボのけんか
縄張りや、めすの取り合いでけんかをすることがあります。大きく口を開けて、相手にかみつきます。

ハナヒゲウツボ ウツボ科
- ♠1.2m（全長）
- ◆南日本・琉球列島
- ♣沿岸のサンゴ礁域 ♥動物食
- ★成長すると、おすからめすへ性転換します。

豆ちしき ウツボは性格があらく、するどい歯でかみつくことがあり危険です。

アナゴ・ハモのなかま ウナギ目

からだは細長い円筒形で、腹びれはなく、からだをくねらせて泳ぎます。

マアナゴ
アナゴ科
- ♠ 1m（全長）
- ◆ 日本各地
- ♣ 沿岸の砂泥底
- ♥ 動物食
- ★ 昼間は砂や泥によくもぐっています。食用。

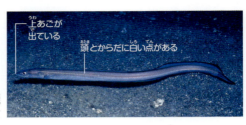

上あごが出ている
頭とからだに白い点がある

ゴテンアナゴ アナゴ科
- ♠ 60cm（全長） ◆ 琉球列島をのぞく日本各地
- ♣ 浅海の砂泥底 ♥ 動物食 ★ 食用。

目の後ろに2つの小さな黒い斑点がある

口が小さい
えらあなの周りが黒い

チンアナゴ アナゴ科
- ♠ 36cm（全長） ◆ 南日本・琉球列島
- ♣ 潮の流れの速い砂地
- ♥ 動物食（プランクトン食）
- ★ 砂から半身を出して、プランクトンを食べます。

背びれは胸びれより後ろから始まる

クロアナゴ アナゴ科
- ♠ 1.4m（全長） ◆ 琉球列島をのぞく日本各地 ♣ 水深200m以浅の海底
- ♥ 動物食 ★ アナゴのなかまで最大の種です。食用。

背びれ、尾びれ、しりびれのふちが黒い

口が深くさけ、歯はするどい

ハモ ハモ科
- ♠ 2.2m（全長） ◆ 琉球列島をのぞく日本各地 ♣ 水深120m以浅の海底
- ♥ 動物食 ★ 血液中の毒は加熱によって無毒になります。食用。☀

♠大きさ（体長） ◆分布 ♣すみか ♥食性 ★特徴など ☀危険魚

ニシンのなかま ニシン目

からだは細長く、胸びれの位置は低く腹側にあり、背びれは1つです。

マイワシ ニシン科
- ♠25cm ◆琉球列島をのぞく日本各地
- ♣沿岸の中・表層
- ♥動物食（プランクトン食）
- ★冬から春に産卵。別名「イワシ」。食用。

からだの中央に黒い点が並ぶ

ウルメイワシ ニシン科
- ♠25cm ◆琉球列島をのぞく日本各地
- ♣沿岸～沖合の表層 ♥動物食（プランクトン食）
- ★4～6月に産卵。食用。

腹びれは背びれより後ろ

うろこははがれやすい

腹びれは背びれの下

キビナゴ ニシン科
- ♠10cm ◆南日本・琉球列島
- ♣沖合や内湾の表層。砂底で産卵
- ♥動物食（プランクトン食）
- ★4～11月に産卵。食用。

腹の下に三角のうろこがある

ニシン ニシン科
- ♠35cm ◆北日本
- ♣産卵期に沿岸を回遊
- ♥動物食（プランクトン食）
- ★春に産卵。食用（卵はかずのこ）。

豆ちしき　チンアナゴは顔が犬のチンに似ていることから、この名がつきました。

サッパ ニシン科
♠13cm ◆琉球列島をのぞく日本各地 ♣沿岸の浅い砂泥域 ♥動物食（プランクトン食）
★5～7月に産卵。別名「ママカリ」。食用。

からだは薄い

腹の下に三角のうろこがある

コノシロ ニシン科
♠26cm ◆琉球列島をのぞく日本各地 ♣内湾の浅いところ ♥動物食（プランクトン食）
★3～6月に産卵。別名「コハダ」「シンコ」。食用。

背の各うろこに黒い点

背びれの最後が長い

ヒラ ニシン科
♠40cm ◆琉球列島をのぞく日本各地 ♣沿岸や河口域 ♥動物食 ★初夏に産卵。食用。

腹びれは小さい

しりびれの基底が長い

エツ
カタクチイワシ科 🔶
♠36cm ◆有明海 ♣内湾～河川 ♥動物食 ★夏に産卵。食用。

胸びれの上がのびる

しりびれと尾びれはつながる

♠大きさ（体長） ◆分布 ♣すみか ♥食性 ★特徴など ❀危険魚 🔶絶滅危惧種

下あごが短い

カタクチイワシ

カタクチイワシ科
♠15cm ◆琉球列島をのぞく日本各地
♣沿岸や内湾の表層 ♥動物食（プランクトン食） ★カツオ釣りの生き餌にします。食用。

シラス干し

カタクチイワシなどニシンのなかまの稚魚は、からだが半透明で、シラスと呼ばれます。

シラス干しは、シラスを塩ゆでにして干したものです。

ネズミギス・ナマズのなかま　ネズミギス目／ナマズ目

ネズミギス目は、口が小さく、歯がありません。
ナマズ目は、口の周りに長いひげがあります。

ネズミギス

ネズミギス科
♠27cm ◆琉球列島をのぞく日本各地
♣水深200m以浅の砂泥底 ♥動物食
★背びれと腹びれはからだの後ろにあります。

下あごの先に口ひげが1本

尾びれに背びれと腹びれがつながっている

ゴンズイ　ゴンズイ科
♠18cm ◆南日本・琉球列島
♣海岸近くの岩礁や藻場 ♥動物食
★夏に産卵。幼魚のからだには、黄色の縦じまがあります。✺

ゴンズイ玉

ゴンズイは、同じころに産まれた幼魚がたくさん集まって、「ゴンズイ玉」と呼ばれる集団をつくります。

豆ちしき　ゴンズイの背びれと胸びれには、毒のあるとげがあります。

キュウリウオのなかま　サケ目

からだは細長く、背びれと尾びれの間に脂びれがあります。

キュウリウオ
キュウリウオ科
- ♠15cm ◆北海道
- ♣沿岸 ♥動物食
- ★4～5月に産卵。口が大きく、下あごがつき出ています。キュウリのにおいがするので、この名がつきました。食用。

脂びれ／口が大きい

口が小さい／産卵のころのおすはからだが黒い／脂びれ／脂びれ／♂／♀

シシャモ
キュウリウオ科
- ♠12cm ◆北海道太平洋沿岸
- ♣水深20～30mの沿岸部
- ♥動物食 ★10～11月に産卵。食用。

口が小さい／脂びれ

チカ
キュウリウオ科
- ♠15cm ◆岩手県・青森県・北海道 ♣沿岸や内湾
- ♥動物食 ★4～5月に産卵し、1年で成熟します。ワカサギに似ていますが、腹びれが背びれより後ろにあります。食用。

からだにうろこがない／脂びれ

シラウオ　シラウオ科
- ♠10cm ◆熊本県・岡山県～北海道
- ♣沿岸や内湾、汽水域
- ♥動物食（プランクトン食）
- ★2～5月ごろに産卵。からだの色は半透明で、死ぬと白くなります。食用。

♠大きさ(体長) ◆分布 ♣すみか ♥食性 ★特徴など

ヒメ・エソのなかま ヒメ目

からだが細長い円筒形で、口は大きく、脂びれをもつものが多くいます。

ヒメ ヒメ科
- ♠18cm ♥北海道と琉球列島をのぞく日本各地
- ♣水深500m以浅の砂礫底 ♥動物食
- ★目が大きく、口ひげはありません。食用。

オキエソ エソ科
- ♠30cm ♥南日本・琉球列島
- ♣浅海の砂泥底 ♥動物食
- ★口先が短いのが特徴です。食用。

アカエソ エソ科
- ♠30cm ♥南日本・琉球列島
- ♣沿岸の岩場や砂地 ♥動物食
- ★近付いた小動物をするどい歯でとらえます。

アオメエソ アオメエソ科
- ♠15cm ♥南日本 ♣深さ200〜600mの海底 ♥動物食
- ★腹びれの後ろに発光器があります。食用。

ミズウオ ミズウオ科
- ♠1.3m ♥日本各地
- ♣水深2000m以浅の表・中層 ♥動物食(魚を丸のみにする) ★雌雄同体です。

> 豆ちしき 一般にシシャモの名で売られているものの多くは、別種のカラフトシシャモです。

ハダカイワシ・アカマンボウのなかま

ハダカイワシ目 / アカマンボウ目

ハダカイワシ目の多くは、白く光る発光器をもちます。
アカマンボウ目は、背びれが尾びれまで長く続いています。

目は先端にある　脂びれ
うろこは取れやすい
発光器

ススキハダカ　ハダカイワシ科
♠7.5cm ◆日本各地 ♣外洋の中層
♥動物食（プランクトン食）
★夜間に海面まで移動して食べものをとります。発光魚。

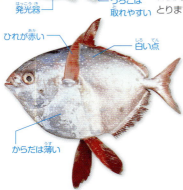

ひれが赤い　白い点
からだは薄い

アカマンボウ　アカマンボウ科
♠1.8m ◆日本各地 ♣外洋の表層
♥動物食 ★尾びれがあり、マンボウのなかまではありません。

からだは薄い

フリソデウオ　フリソデウオ科
♠1m ◆琉球列島をのぞく日本各地
♣外洋の中層 ♥動物食
★成長とともに形が大きく変わり、成魚には腹びれがありません。口を長くのばすことができます。

アカナマダ　アカナマダ科
♠2m ◆南日本・琉球列島 ♣沖合の中層
♥動物食 ★墨のふくろをもち、肛門から墨のような液を出します。

長くのびる
からだは薄い
しりびれ

リュウグウノツカイ　リュウグウノツカイ科
♠5.5m ◆日本各地
♣沖合の中・深層 ♥動物食
★細長く大きなからだで、日本の人魚のモデルといわれています。ふだんは深海にすんでいますが、弱って浅場に流されてくることがあります。

長くのびる
腹びれが長い

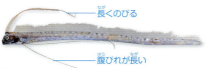

タラのなかま タラ目

タラ科は、ふつう下あごにひげが1本あり、背びれは1～3つです。
ソコダラ科の多くは、腹部に発光器をもっています。

マダラ タラ科
- ♠1m（全長）
- ◆北日本
- ♣水深150～1280m
- ♥動物食 ★上あごが下あごより出ています。食用。

背びれは3つ / 長い口ひげ / 太いからだ

スケトウダラ タラ科
- ♠60cm（全長） ◆北日本
- ♣水深2000m以浅の表・中層
- ♥動物食 ★下あごのひげはないか、あっても短めです。食用。卵巣はたらこに加工されます。

背びれは3つ / 少しくぼむ / 下あごの方が長い / 細いからだ

コマイ タラ科
- ♠40cm（全長） ◆北日本
- ♣水深300m以浅の沿岸域
- ♥動物食
- ★1～3月に産卵。スケトウダラとちがって、上あごが下あごより出ています。食用。

背びれは3つ / 細いからだ

ヤリヒゲ ソコダラ科
- ♠40cm（全長） ◆南日本
- ♣水深150～500mの海底 ♥動物食
- ★下あごにひげがあります。発光魚。

とがる / 長い発光器

トウジン ソコダラ科
- ♠70cm（全長） ◆南日本・琉球列島 ♣水深300～800mの海底
- ♥動物食 ★からだ全体がざらざらし、腹部に発光器があります。食用。

とがる / からだはまるい / うろこにとげがありからだはざらざらしている / 1本のひげ

♠大きさ（体長） ◆分布 ♣すみか ♥食性 ★特徴など

アシロ・アンコウなどのなかま　アシロ目／アンコウ目

アシロ目の多くは、背びれと尾びれ、しりびれがつながっています。
アンコウ目は、アンテナ状の突起をもつものが多くいます。

イタチウオ アシロ科
♠60cm
♦南日本・琉球列島
♣沿岸の岩礁域
♥動物食
★7～8月に産卵。食用。

6対の口ひげ／背びれは1つで尾びれとつながる／糸のような腹びれ

糸のような腹びれ／腹側は淡い／黒い

ヨロイイタチウオ アシロ科
♠70cm（全長）　♦北海道と琉球列島をのぞく日本各地　♣水深70～400mの砂泥底　♥動物食　★えらぶたにするどいとげがあります。食用。

黒い褐色のふちどり／糸のような腹びれ

アシロ アシロ科
♠20cm　♦南日本
♣水深100～200mの砂泥底　♥動物食
★ひげのように見える糸状の腹びれが、のどの近くにあります。

上から／とげ／アンテナ状の突起

キアンコウ アンコウ科
♠1m　♦琉球列島をのぞく日本各地
♣水深560m以浅の砂泥底　♥動物食
★アンコウとちがって、口の中に白い斑点はありません。食用。

口の中に白い斑点がある／アンテナ状の突起／とげ

アンコウ アンコウ科　AR
♠70cm　♦琉球列島をのぞく日本各地
♣沖合のやや深い砂泥底　♥動物食
★アンテナ状の突起を動かし、えものを誘います。食用。

♠大きさ（体長）　♦分布　♣すみか　♥食性　★特徴など

ミドリフサアンコウ

フサアンコウ科
- ♠30cm ◆南日本
- ♣水深70～500mの海底
- ♥動物食 ★頭にえものを誘う小さな突起があります。食用。

口は上向き / 緑色の点 / 胸びれ

小さなひだがたくさんある / 背びれと尾びれは離れている

ハナオコゼ カエルアンコウ科
- ♠15cm ◆日本各地
- ♣浅海の岩礁域～表層 ♥動物食
- ★体色や模様はさまざまで、流れ藻について移動します。

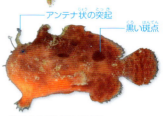

アンテナ状の突起 / 黒い斑点

ベニカエルアンコウ

カエルアンコウ科
- ♠10cm ◆南日本
- ♣沿岸の岩礁域 ♥動物食
- ★体色や模様はさまざまです。

突起の先に小さな肉びれがある / 背びれと尾びれは離れている

カエルアンコウ カエルアンコウ科
- ♠16cm ◆日本各地 ♣沿岸の砂泥底
- ♥動物食 ★アンテナ状の突起を動かし、えものを誘います。

突起を使って魚つり

カエルアンコウのなかまは、アンテナ状の突起をひらひらと動かして、えものとまちがえて近づいてきた小魚を、大きな口でとらえます。

背びれ / からだは円形で平たい / 赤い胸びれ

アカグツ アカグツ科
- ♠30cm ◆南日本
- ♣水深50～400mの海底
- ♥動物食 ★胸びれはカエルのあしに似ています。

豆ちしき　カエルアンコウのなかまは、胸びれと腹びれで海底をはうように移動します。

79

キンメダイ・マトウダイのなかま キンメダイ目／マトウダイ目

キンメダイ目はひれのとげが発達し、発光器をもつものもいます。
マトウダイ目は体高が高く、からだは薄いのが特徴です。

キンメダイ
キンメダイ科
- ♠50cm ◆日本各地
- ♣水深100〜800mの深海の岩場 ♥動物食
- ★夜になると、海面近くに浮き上がります。食用。

目が大きい
しりびれの基底が長い

強いとげ

トガリエビス イットウダイ科
- ♠36cm ◆南日本・琉球列島
- ♣沿岸の岩礁やサンゴ礁域 ♥動物食
- ★からだが大きく、口がつき出ています。

強いとげ　細くて白いしま模様

イットウダイ イットウダイ科
- ♠17cm ◆南日本 ♣沿岸の岩礁域
- ♥動物食 ★初夏に産卵。日没後と夜明け前に活動します。

黒い斑点

ウケグチイットウダイ
イットウダイ科
- ♠21cm ◆南日本・琉球列島
- ♣沿岸の岩礁やサンゴ礁域 ♥動物食
- ★下あごがつき出ています。

アカマツカサ
イットウダイ科
- ♠24cm
- ◆鹿児島県以南
- ♣岩礁・サンゴ礁域
- ♥動物食 ★えらぶたに黒い模様があります。食用。

♠大きさ(体長) ◆分布 ♣すみか ♥食性 ★特徴など

うろこはかたい

マツカサウオ マツカサウオ科
♠15cm ◆琉球列島をのぞく日本各地
♣沿岸の岩礁域 ♥動物食
★見た目が植物の松かさに似ています。発光魚。

光るマツカサウオ
下あごの一部に発光バクテリアが共生する発光器があります。発光する目的は分かっていませんが、光でエビや魚を集めて食べるためと考えられています。

ヒカリキンメダイ
ヒカリキンメダイ科
♠17cm ◆南日本・琉球列島
♣やや深い岩場 ♥動物食
★目の下に大きな発光器があります。

発光器

カガミダイ
マトウダイ科
♠50cm ◆琉球列島をのぞく日本各地
♣水深40〜800mの砂底
♥動物食 ★からだは銀色で、うろこがありません。食用。

くぼむ

ぼやけた黒い斑点

マトウダイ マトウダイ科
♠30cm
◆琉球列島をのぞく日本各地
♣水深400m以浅の海底 ♥動物食
★カガミダイとは、頭のくぼみ方と斑紋の濃さがちがいます。食用。

はっきりとした黒い斑点

豆ちしき ヒカリキンメダイは、発光器を動かして光を点滅させることができます。

81

トゲウオのなかま トゲウオ目

トゲウオ目には、口先が長く、口が小さいものが多くいます。
ウミテングのように、見ためが魚らしくないものもいます。

オオウミウマ
ヨウジウオ科
- ♠30cm（全長）
- ◆南日本・琉球列島
- ♣水深40m以浅の岩礁域
- ♥動物食（プランクトン食）
- ★大型のタツノオトシゴのなかまです。

尾びれがない

尾びれがない

おすが出産！？

タツノオトシゴのめすは、おすの腹部の「育児のう」というふくろの中に卵を産みます。卵はおすのふくろの中で守られ、稚魚はふ化するときにふくろから出ていきます。

タツノオトシゴ
ヨウジウオ科
- ♠10cm（全長）
- ◆北海道と琉球列島をのぞく日本各地 ♣沿岸の藻場
- ♥動物食（プランクトン食）
- ★尾の先を海藻などに巻き付けます。

イバラタツ
ヨウジウオ科
- ♠17cm（全長）
- ◆南日本・琉球列島
- ♣水深40m以浅の岩礁域 ♥動物食（プランクトン食）
- ★からだにとげがあります。

タツノイトコ
ヨウジウオ科
- ♠10cm（全長）

首が曲がっていない   尾びれがない

- ◆南日本・琉球列島 ♣岩礁の藻場 ♥動物食（プランクトン食）
- ★タツノオトシゴとヨウジウオの中間的な体形をしています。

♠大きさ（体長）　◆分布　♣すみか　♥食性　★特徴など

くだ状　からだに模様がない　尾びれ

ヨウジウオ ヨウジウオ科
♠30cm ◆琉球列島をのぞく日本各地 ♣岸近くの藻場 ♥動物食（プランクトン食）
★体色はさまざまです。腹びれがありません。

くだ状で短い　網目模様　尾びれ

イシヨウジ ヨウジウオ科
♠20cm ◆南日本・琉球列島 ♣沿岸の岩礁やサンゴ礁域 ♥動物食（プランクトン食）
★頭をもちあげながら、海底をはって移動します。

トゲヨウジ ヨウジウオ科
♠30cm ◆南日本・琉球列島 ♣内湾の藻場 ♥動物食（プランクトン食）
★流れ藻についていることもあります。

尾びれがない

ヒバシヨウジ ヨウジウオ科
♠7cm
◆南日本・琉球列島
♣岩礁やサンゴ礁域
♥動物食（プランクトン食）
★小型のヨウジウオで、掃除魚として知られ、ウツボなどのからだをクリーニングします。

くだ状で短い　暗色の帯　尾びれ

腹びれ　くだ状

カミソリウオ カミソリウオ科
♠おす7.5cm、めす11cm（全長）
◆南日本・琉球列島 ♣沿岸の浅海
♥動物食（プランクトン食）★海藻に擬態し、ただようように泳ぎます。

ニシキフウライウオ
カミソリウオ科

♠おす7cm、めす12cm（全長）
◆南日本・琉球列島 ♣沿岸の岩礁域
♥動物食（プランクトン食）
★からだ全体に突起があります。

豆ちしき　掃除魚は、ほかの魚の体表についた寄生虫や、傷んだうろこなどを食べます。

キンメダイ・トゲウオなどのなかま

アオヤガラ
ヤガラ科
♠1m ◆日本各地 ♣沿岸の中・底層 ♥動物食 ★興奮すると、からだに暗い色の横帯があらわれます。

くだ状
からだは淡い緑色から褐色

くだ状 — からだは赤

アカヤガラ ヤガラ科
♠2m ◆日本各地 ♣水深200m以浅の中・底層 ♥動物食 ★別名「ヤガラ」。食用。

ヘラヤガラ
ヘラヤガラ科
♠80cm ◆南日本・琉球列島 ♣サンゴ礁域 ♥動物食 ★からだは薄く、体色は変化します。

太いくだ状
まるい

逆立ちして泳ぐヘコアユ
ヘコアユは、頭を下にして泳ぎます。食事をするときは、頭を少しもちあげます。

黒い帯
背びれ
尾びれ

ヘコアユ ヘコアユ科
♠15cm(全長) ◆南日本・琉球列島 ♣サンゴ礁域の砂泥底 ♥動物食(プランクトン食) ★からだは薄く、頭を下にして泳ぎます。

AR

背びれ
細い腹びれ
からだはかたい
大きい胸びれ

ウミテング ウミテング科
♠8cm ◆南日本・琉球列島 ♣沿岸の浅い砂底 ♥動物食 ★胸びれを広げ、腹びれをあしのように使って、海底を移動します。

上から

♠大きさ(体長) ◆分布 ♣すみか ♥食性 ★特徴など

子育てをする魚

ほとんどの魚は、卵を産んだあと子育てをしませんが、なかには、卵を守ったり、稚魚に食べ物をあたえたりする魚がいます。

キンセンイシモチ
(108ページ)

おすは、めすが産んだ卵を口の中に入れて、ふ化するまで何も食べずに守ります。ときどき口をぱくぱくさせて、卵に新鮮な海水を送ります。

ダイナンギンポ
(165ページ)

かたまりになって生み出された卵を、おすが、からだを巻きつけるようにして守ります。

オヤニラミ(43ページ)

水生植物の茎に産みつけられた卵を、おすがつきっきりで守ります。おすは、ひれで卵に新鮮な水を送ったり、卵に近づくほかの魚を追い払ったりと世話をします。

ディスカス(206ページ)

アマゾン川原産の体長18cmほどの魚です。めすもおすも、からだの表面からディスカスミルクと呼ばれる液を出し、稚魚はこれを吸って成長します。

ボラ・トビウオのなかま

ボラ・トウゴロウイワシのなかま
ボラ目／トウゴロウイワシ目

ボラ目は、背びれが2つで、第1背びれにとげがあります。
トウゴロウイワシ目は、胸びれが高く、群れをつくって行動します。

ボラ ボラ科
- ♠50cm ◆日本各地
- ♣沿岸から河川 ♥雑食
- ★胸びれの付け根に青色の模様があります。食用。

背びれが2つ

背びれが2つ

メナダ ボラ科
- ♠80cm
- ◆琉球列島や小笠原諸島をのぞく日本各地
- ♣内湾の浅いところや汽水域 ♥雑食
- ★幼魚は河川の汽水域にも入ります。食用。

背にすじ　　背びれが2つ

金色の模様は、死ぬと黒くなる　背びれが2つ

セスジボラ ボラ科
- ♠25cm ◆日本各地
- ♣内湾や汽水域 ♥雑食
- ★第1背びれの前の背が盛り上がっています。食用。

コボラ ボラ科
- ♠25cm ◆南日本・琉球列島
- ♣沿岸から淡水域 ♥雑食 ★川にも入ります。食用。

背びれが2つ

ムギイワシ
トウゴロウイワシ科
- ♠7cm ◆南日本 ♣沿岸の岩礁域
- ♥動物食（プランクトン食）
- ★からだが細長く、肛門はしりびれの前にあります。

ナミノハナ ナミノハナ科
- ♠5cm ◆南日本・琉球列島
- ♣波の強い沿岸の岩礁域
- ♥動物食（プランクトン食）
- ★胸びれあたりから尾に向かって細くなっています。

♠大きさ（体長）◆分布 ♣すみか ♥食性 ★特徴など

トビウオ・サンマなどのなかま　ダツ目

からだは細長く、背びれは1つでからだの後方にあります。

サヨリ サヨリ科
♠30cm ◆琉球列島をのぞく日本各地 ♣沿岸の表層 ♥動物食 ★春から夏に産卵。食用。

トウザヨリ サヨリ科
♠40cm ◆南日本・琉球列島 ♣沿岸の表層 ♥動物食 ★長い胸びれを広げて水面を滑空します。

ホシザヨリ サヨリ科
♠40cm ◆南日本・琉球列島 ♣沿岸の表層 ♥動物食 ★からだに4〜9つの黒い模様があります。食用。

コモチサヨリ サヨリ科
♠13cm ◆沖縄県以南 ♣汽水域 ♥動物食 ★胎生。マングローブ林のある河口あたりでよく見られます。

豆ちしき　珍味のカラスミは、ボラの卵巣を塩漬けにして乾燥させたものです。

ボラ・トビウオのなかま

サヨリトビウオ
トビウオ科
- ♠17cm ◆南日本・琉球列島
- ♣沖合の表層 ♥動物食
- ★幼魚のときは下あごが長く、成長すると短くなります。

胸びれは腹びれをこえない

ツクシトビウオ
トビウオ科
- ♠30cm ◆琉球列島をのぞく日本各地 ♣沿岸の表層
- ♥動物食 ★幼魚の胸びれには透明部分があります。食用。

模様はない

胸びれは黒っぽい

模様はない

海面を飛ぶトビウオ
尾びれを左右に動かして勢いをつけ、海面から飛び出すと、胸びれと腹びれを広げて滑空します。

トビウオ
トビウオ科
- ♠30cm ◆日本各地
- ♣沿岸の表層 ♥動物食
- ★長い胸びれと腹びれを広げて、滑空します。食用。

AR

黒い斑点

カラストビウオ
トビウオ科
- ♠30cm
- ◆南日本・琉球列島
- ♣沖合の表層 ♥動物食
- ★大きな歯をもちます。食用。

胸びれは黒い

アヤトビウオ　トビウオ科
- ♠23cm ◆琉球列島をのぞく日本各地 ♣沿岸の表層
- ♥動物食 ★胸びれの黒い点が特徴です。別名「セミトビ」。食用。

胸びれには黒い点がたくさんある

♠大きさ（体長） ◆分布 ♣すみか ♥食性 ★特徴など ✿危険魚

先が黄色

サンマ
サンマ科
- ♠35cm ◆琉球列島をのぞく日本各地
- ♣沖合の表層 ♥動物食(プランクトン食)
- ★下あごが上あごより長いのが特徴です。食用。

背中と同じように小さなひれが並ぶ

両あごは長く、歯がある

テンジクダツ ダツ科
- ♠1m(全長) ◆南日本 ♣沿岸の表層 ♥動物食
- ★オキザヨリに似ていますが、青黒い模様はありません。✿

両あごは長く、歯がある

のびる

リュウキュウダツ ダツ科
- ♠70cm(全長) ◆琉球列島 ♣沿岸の表層 ♥動物食
- ★背びれとしりびれはからだの後ろにあります。✿

オキザヨリ ダツ科
- ♠1.3m(全長) ◆北海道をのぞく日本各地 ♣沿岸の表層 ♥動物食
- ★青黒い模様が特徴です。両あごが長くとがり、光るものに突進するので危険です。✿

青黒い模様は、死ぬと消える

両あごは長く、歯がある

🫘ちしき サンマは、胃がなく腸が短いため内臓が傷みにくく、焼き魚では内臓まで食べられます。

メバルのなかま スズキ目・カサゴ亜目

メバル科はからだが薄く、頭部や背びれにとげがあります。
このなかまの多くは、卵でなく稚魚を産みます。

カサゴ メバル科
♠25cm ◆琉球列島をのぞく日本各地 ♣沿岸の岩礁域 ♥動物食 ★背びれのとげはするどく、目の下にとげはありません。食用。

大きな黒い斑点
胸びれのとげは18本
黒っぽい大きな斑点

ユメカサゴ メバル科
♠27cm ◆北海道をのぞく日本各地 ♣水深130～980mのやや深い砂泥底 ♥動物食 ★口の奥が黒く、地方によっては「ノドグロ」とも呼ばれます。食用。

黒っぽい斑点

アコウダイ
メバル科
♠50cm ◆琉球列島をのぞく日本各地 ♣深海の岩礁域 ♥動物食 ★2～4月に稚魚を産みます。別名「メヌケ」。食用。

アヤメカサゴ メバル科
♠21cm ◆南日本・琉球列島 ♣水深110～210mの岩礁域 ♥動物食 ★カサゴに似ていますが、斑点の色で区別できます。食用。

黄色の斑点

ウケグチメバル メバル科

- ♠25cm
- ◆青森県から高知県の太平洋岸
- ♣水深150〜300mの海底付近
- ♥動物食
- ★目とあごの間にとげが2本あります。食用。

(目が大きい／黒い大きな斑点)

バラメヌケ

メバル科

- ♠40cm ◆北日本
- ♣水深100〜420mの深海の岩礁域
- ♥動物食
- ★春に産卵。食用。

(目が大きい／黒っぽい斑点／少しくぼむ)

クロソイ メバル科

- ♠40cm ◆北日本
- ♣水深100m以浅の岩礁域 ♥動物食
- ★5〜6月に稚魚を産みます。上あごにとげが3本あります。食用。

(2本のななめのしま)

(目に金色の輪／黒っぽい斑)

ウスメバル メバル科

- ♠30cm ◆北日本
- ♣水深100m以浅の岩礁域
- ♥動物食 ★トゴットメバルとちがって、黒い斑がぼやけています。食用。

(4〜6個の黒い斑／目が大きい)

トゴットメバル

メバル科

- ♠15cm ◆琉球列島をのぞく日本各地 ♣沿岸の岩礁域
- ♥動物食 ★秋に交尾し、冬から春に稚魚を産みます。食用。

豆ちしき　「メバル」は、目が大きく、目を見張るという意味からこの名がつきました。

スズキのなかま

たくさんの小さな白い点

エゾメバル メバル科
♠25cm ◆北日本 ♣沿岸の岩礁域や汽水域 ♥動物食
★下あごにうろこがありません。食用。

黒い小さな点

ムラソイ メバル科
♠30cm ◆琉球列島をのぞく日本各地 ♣浅海の岩礁域 ♥動物食 ★体色は環境で変わります。食用。

2本の白い帯

シマゾイ メバル科
♠30cm ◆北日本 ♣沿岸の岩礁域 ♥動物食 ★目と目の間がくぼんでいます。食用。

キツネメバル メバル科
♠32cm ◆北日本 ♣沿岸の岩礁域 ♥動物食 ★春に稚魚を産みます。クロソイとちがって、上あごにとげがありません。体色はさまざまです。食用。

♠大きさ(体長) ◆分布 ♣すみか ♥食性 ★特徴など ☼危険魚

カサゴ・オコゼなどのなかま　スズキ目・カサゴ亜目

頭部のとげや骨板が発達しています。ひれのとげに毒をもつものが多く、特にオニオコゼ科の毒は強力です。

からだは赤い　黒い斑点

キチジ キチジ科
- ♠30cm ◆北日本
- ♣水深100～1500mの深海
- ♥動物食 ★3～5月にゼラチン質の卵のうを産みます。食用。

黒い点があるものもいる

ミノカサゴ フサカサゴ科
- ♠20cm ◆日本各地
- ♣沿岸の岩礁域 ♥動物食
- ★背びれのとげに毒があります。☼

目のそばからのびる

大きく、先の分かれた胸びれと背びれ

ハナミノカサゴ
フサカサゴ科
- ♠30cm ◆南日本・琉球列島
- ♣沿岸の岩礁とサンゴ礁域
- ♥動物食 ★ミノカサゴとちがって、あごの下から胸にかけてしま模様があります。☼

ネッタイミノカサゴ
フサカサゴ科
- ♠15cm ◆南日本・琉球列島
- ♣沿岸の岩礁とサンゴ礁域
- ♥動物食 ★背びれのとげに毒があります。☼

目のそばからのびる

豆ちしき　ミノカサゴのなかまは敵が近づくと、ひれを広げて相手を威嚇します。

スズキのなかま

キリンミノ
フサカサゴ科
- ♠18cm
- ◆南日本・琉球列島
- ♣岩礁やサンゴ礁域
- ♥動物食 ★胸びれは扇状で、全体が膜でつながっています。とげには猛毒があります。☀

目のそばからのびる

黒い点

ヒメサツマカサゴ
フサカサゴ科
- ♠6cm ◆南日本
- ♣水深70m以浅の岩礁域
- ♥動物食 ★オニカサゴのなかまですが、小型で、背はあまり盛り上がりません。

おすには黒い斑点がある

フサカサゴ
フサカサゴ科
- ♠27cm
- ◆南日本・琉球列島
- ♣水深30～1000mの岩礁域 ♥動物食
- ★夏から秋に産卵。体高が高いのが特徴です。食用。

腹側の、このあたりにうろこがある

オニカサゴ フサカサゴ科
♠22cm ◆南日本 ♣沿岸の岩礁域 ♥動物食
★体色と模様はさまざまです。

岩にそっくり
オニカサゴは、周りの岩礁に色や形を似せて擬態し、姿をかくします。周りとそっくりなので、どこにいるのか見分けがつきません。

♠大きさ(体長) ◆分布 ♣すみか ♥食性 ★特徴など ☀危険魚

黒っぽい斑点

イソカサゴ
フサカサゴ科
- ♠9cm ◆北海道をのぞく日本各地 ♣浅海の岩礁域
- ♥動物食 ★タイドプール

などでよく見られます。

大きく、先の分かれた胸びれと背びれ

セトミノカサゴ
フサカサゴ科
- ♠15cm ◆南日本・琉球列島
- ♣水深50〜300mの砂泥底
- ♥動物食 ★とげには猛毒

があります。

フサカサゴより口が小さい

コクチフサカサゴ
フサカサゴ科
- ♠13cm ◆南日本
- ♣岩礁域 ♥動物食
- ★フサカサゴに似ていますが、口の大きさで区別できます。

ハダカハオコゼ
フサカサゴ科
- ♠7cm ◆南日本・琉球列島
- ♣浅海の岩礁とサンゴ礁域 ♥動物食
- ★からだは薄く、木の葉のような姿をしています。

ハチ ハチ科
- ♠12cm ◆南日本
- ♣水深100m以浅の砂泥底
- ♥動物食 ★下あごにひげが3本、背びれに黒い模様があります。

豆ちしき　ハダカハオコゼは、からだが薄いため、英名でペーパーフィッシュと呼ばれます。

スズキのなかま

ハオコゼ ハオコゼ科
- 9cm ◆南日本
- 沿岸や内湾の藻場や岩礁域 ♥動物食
- ★初夏に産卵。✿

切れ込みが深い

盛り上がる
口は大きく上向き
こぶ

ダルマオコゼ
オニオコゼ科
- 12cm ◆南日本
- 浅海の砂泥底 ♥動物食
- ★体色はさまざまで、背びれのとげに弱い毒があります。✿

オニオコゼ
オニオコゼ科
- 22cm ◆北海道と琉球列島をのぞく日本各地
- 内湾から水深200mくらいまでの砂泥底 ♥動物食
- ★背びれのとげに強い毒があります。食用。✿

胸びれには2本の軟条

AR

オニダルマオコゼ
オニオコゼ科
- 30cm ◆南日本・琉球列島 ♣浅海の岩礁やサンゴ礁域 ♥動物食
- ★からだ全体に盛り上がりや突起があります。背びれのとげに強い毒があります。✿

ホウボウ・コチのなかま スズキ目・カサゴ亜目／セミホウボウ亜目

ホウボウ科は骨板でおおわれた頭と、あしのように変化した胸びれが特徴です。
コチ科は、からだが平たいです。

2つの背びれは近い

上から

AR

ホウボウ ホウボウ科
- ♠40cm ◆琉球列島をのぞく日本各地
- ♣水深600m以浅の砂泥底 ♥動物食
- ★胸びれの内側は濃い緑色で、うきぶくろで音を出します。食用。

海底を歩くホウボウ

ホウボウの胸びれの一部は太く発達していて、あしのように動かして海底を歩きます。

赤い斑点

胸びれの内側はうぐいす色

イゴダカホデリ ホウボウ科
- ♠20cm ◆南日本 ♣沿岸の水深20〜120mの砂地 ♥動物食
- ★口先が大きな三角形の突起になっています。食用。

上から

カナド ホウボウ科
- ♠20cm ◆北海道と琉球列島をのぞく日本各地
- ♣沖合のやや深い砂泥底 ♥動物食 ★春に産卵。食用。

上から

赤い斑点
2つの背びれは近い

胸びれの内側は赤い

カナガシラ ホウボウ科
- ♠30cm ◆北海道と琉球列島をのぞく日本各地 ♣内湾から水深300mくらいまでの砂泥底 ♥動物食 ★口の先のとげが短く、胸びれで砂を掘ります。食用。

豆ちしき オニオコゼのなかまはうろこがなく、からだ中がやわらかい皮ふでおおわれています。

イネゴチ

コチ科

- ♠30cm ◆南日本
- ♣沿岸や浅海域の砂泥底 ♥動物食
- ★砂にもぐって目だけ出しています。

頭は平ら　　　第1背びれに黒い斑点

メゴチ

コチ科

- ♠20cm ◆北海道と琉球列島をのぞく日本各地 ♣内湾や河口域の砂泥底
- ♥動物食 ★春に産卵。からだに小さな黒い点が散らばっています。

頭は平ら　　　背びれは2つ

マゴチ コチ科

- ♠1m ◆南日本 ♣沿岸の水深30m以浅の砂泥底 ♥動物食
- ★砂にもぐって目だけ出しています。食用。

セミホウボウ

セミホウボウ科

- ♠35cm ◆北海道をのぞく日本各地
- ♣沿岸の砂泥底
- ♥動物食
- ★胸びれに目のような模様があります。

長いとげ　　小さなとげ

強いとげ　　大きな胸びれ

♠大きさ(体長) ◆分布 ♣すみか ♥食性 ★特徴など ☀危険魚

スズキ・アカムツのなかま　スズキ目・スズキ亜目

スズキ科もホタルジャコ科も、背びれが2つです。
スズキ科の魚は、下あごが上あごよりもつき出ています。

スズキ
スズキ科
- ♠80cm ◆琉球列島をのぞく日本各地
- ♣沿岸から汽水域、幼魚は淡水域に侵入 ♥動物食
- ★冬に産卵し、稚魚は川にも上ります。食用。✿

背びれは大きくくぼむ
下あごの方が長い
くぼみが深い

下あごの方が長い
背びれは大きくくぼむ
腹びれは胸びれのすぐ後ろ
くぼみが浅い

ヒラスズキ　スズキ科
- ♠80cm ◆南日本
- ♣沿岸の岩礁域 ♥動物食
- ★スズキに似ていますが、川には上りません。食用。✿

口の中は黒い
からだは赤い
背中は薄い茶色
背びれは2つ
小さな出っ張り

アカムツ
ホタルジャコ科
- ♠20cm ◆琉球列島をのぞく日本各地
- ♣水深60～600mの海底 ♥動物食
- ★口の中が黒いことから、「ノドグロ」とも呼ばれます。食用。

ワキヤハタ
ホタルジャコ科
- ♠25cm ◆南日本
- ♣水深100～400mの砂泥底 ♥動物食
- ★地域によっては食用にします。

豆ちしき　スズキ、ヒラスズキのえらぶたには、するどいとげがあります。

99

ハタのなかま スズキ目・スズキ亜目

ハタ科はからだが薄く、しりびれには3本のとげがあります。
生まれたときはめすで、成長の途中で、おすに性転換する種が多くいます。

ヒメコダイ ハタ科
- ♠20cm ◆南日本
- ♣水深200m以浅の砂泥底
- ♥動物食
- ★めすからおすへ性転換します。食用。

背びれは1つ / たくさんの黄色いすじ / 上がのびる

赤い / 上下がのびる

ハナゴイ ハタ科
- ♠12cm ◆南日本・琉球列島
- ♣沿岸のサンゴ礁や岩礁域
- ♥動物食 ★性転換します。
おすの口はとがっています。

強いとげ / 背びれは2つ

アラ ハタ科
- ♠1m ◆琉球列島をのぞく日本各地
- ♣沿岸のやや深い岩礁域
- ♥動物食 ★7〜8月に産卵。
えらぶたに長く強いとげがあります。食用。

赤い背中 / 白い腹

アカネハナゴイ ハタ科
- ♠7cm ◆琉球列島
- ♣サンゴ礁域 ♥動物食
- ★めすからおすへ性転換します。
おすの口はとがっています。

♠大きさ（体長）◆分布 ♣すみか ♥食性 ★特徴など

ナガハナダイ ハタ科
- 14cm ◆ 南日本
- 水深65m以浅の岩礁域 ♥ 動物食
- ★ おすはからだの前半分は赤く、後ろ半分がピンク色です。

赤い模様／のびる

アカイサキ ハタ科
- 40cm ◆ 南日本・琉球列島
- 沿岸の岩礁域 ♥ 動物食
- ★ 性転換します。おすの背びれには黒い斑点があります。食用。

おすはめすより黄色い／ふちが白い

スジアラ
ハタ科
- 60cm ◆ 南日本・琉球列島
- 沿岸のサンゴ礁や岩礁域
- ♥ 動物食 ★ 体色は暗い赤や暗い緑色など、さまざまです。食用。

たくさんの小さな青い点

のびる／上下がのびる／黒い斑

サクラダイ ハタ科
- 14cm ◆ 南日本 水深110m以浅の岩礁域
- ♥ 動物食 ★ 性転換します。おすのからだには白い模様があります。

キンギョハナダイ
ハタ科
- 11cm ◆ 南日本・琉球列島 ♣ 沿岸の岩礁やサンゴ礁域 ♥ 動物食
- ★ めすからおすへ性転換します。おすの背びれは糸状にのびます。

黒い斑点／濃い赤の帯

豆ちしき　サクラダイの名は、おすのからだの白い模様を桜吹雪にたとえたといわれています。

スジハナダイ ハタ科
- ♠14cm ◆南日本・琉球列島
- ♣やや深い岩礁域 ♥動物食
- ★めすからおすへ性転換します。

濃い赤の帯

バラハタ ハタ科
- ♠60cm ◆南日本・琉球列島
- ♣沿岸の岩礁やサンゴ礁域
- ♥動物食 ★ひれのへりが黄色く、シガテラ毒をもつものもいます。☀

たくさんの白い点
黄色

シガテラ毒
フグ以外で食中毒をおこす原因になる毒の一種です。シガテラ中毒は、しびれやめまいのような症状があらわれます。

白っぽいしま
ふちが白い

マハタ ハタ科
- ♠90cm ◆琉球列島をのぞく日本各地
- ♣水深300m以浅の岩礁域
- ♥動物食
- ★別名「ハタ」。食用。

頭が細長い
白いしま

アズキハタ ハタ科
- ♠40cm ◆南日本・琉球列島
- ♣サンゴ礁域 ♥動物食
- ★幼魚はベラのなかまのめすに似ています。食用。

アカハタ ハタ科

♠30cm ◆南日本・琉球列島 ♣沿岸の岩礁域 ♥動物食
★明るいところでは、からだが白っぽくなることもあります。食用。

背びれのふちは黒い
赤いからだに薄い模様

目を通る黒っぽい帯

クエ
ハタ科
♠1n ◆北海道をのぞく日本各地 ♣沿岸の岩礁域 ♥動物食
★からだのしまは、成長すると薄くなります。別名「モロコ」。食用。

尾の方が黒い
白いすじ

ニジハタ ハタ科

♠22cm
◆南日本・琉球列島
♣サンゴ礁域 ♥動物食
★尾びれに白いすじがあります。

たくさんのオレンジ色の点
黒い斑点

キジハタ
ハタ科
♠40cm ◆南日本
♣沿岸の岩礁域
♥動物食
★背びれの付け根に黒い斑点があります。食用。

豆ちしき サンゴ礁など明るい環境にすむアカハタには、からだが白っぽいものもいます。

103

スズキのなかま

たくさんの青い点
胸びれには青い点がない

ユカタハタ ハタ科
♠30cm ◆南日本・琉球列島 ♣沿岸の岩礁やサンゴ礁域 ♥動物食
★からだに散らばる青い点が特徴です。食用。

網目模様

オオモンハタ ハタ科
♠30cm ◆南日本・琉球列島
♣沿岸の岩礁域やサンゴ礁域
♥動物食 ★尾びれのへりが白っぽいです。食用。

アザハタ ハタ科
♠40cm
◆南日本・琉球列島
♣沿岸の岩礁やサンゴ礁域
♥動物食 ★体高が高く、体色はあざやかな赤やオレンジ色など、さまざまです。

網目模様
たくさんの濃い色の点

たくさんの青い点
胸びれにも青い点

アオノメハタ ハタ科
♠40cm ◆南日本・琉球列島
♣沿岸の岩礁やサンゴ礁域
♥動物食 ✤シガテラ毒をもつものがいます。✺

♠大きさ(体長) ◆分布 ♣すみか ♥食性 ★特徴など ✺危険魚 ✿絶滅危惧種

ルリハタ ハタ科
♠25cm ◆南日本
♣沿岸の岩礁域
♥動物食
★危険を感じると、皮ふから毒を出します。☀

黄色い帯　くぼむ

キハッソク ハタ科
♠20cm ◆南日本・琉球列島 ♣沿岸の岩礁やサンゴ礁域 ♥動物食
★皮ふに毒腺があります。☀

深くくぼむ　2本の黒い帯

サラサハタ
ハタ科 🆘
♠47cm
◆南日本・琉球列島
♣浅海のサンゴ礁域
♥動物食 ★白地に黒の水玉模様があります。死ぬと体色はくすんで、黄色っぽくなります。

白っぽいからだに黒いまるい斑点　頭が小さくくぼむ

カンモンハタ
ハタ科
♠25cm ◆南日本・琉球列島
♣サンゴ礁域 ♥動物食
★岩の上にじっとしていることが多い魚です。食用。

茶色の網目模様

ヌノサラシ ハタ科
♠25cm
◆南日本・琉球列島
♣浅い岩礁やサンゴ礁域 ♥動物食
★毒を出します。からだの白いすじは、成長するにつれて数が増えます。☀

あごの先に小さなひげ　深くくぼむ

🟢豆ちしき　ヌノサラシの皮ふには毒腺があり、食べると食中毒をおこすことがあります。

105

キントキダイ・ハナダイなどのなかま

スズキ目・スズキ亜目

メギス科には、鑑賞魚にされる、あざやかな体色の種がいます。
キントキダイ科は、目や口が大きいのが特徴です。

メギス メギス科
♠12cm ◆琉球列島
♣サンゴ礁域
♥動物食
★体色はおすは赤く、めすは暗褐色です。

背びれのとげは2本だけ

背びれのとげは3本だけ
へりは透明

クレナイニセスズメ
メギス科
♠5cm ◆琉球列島
♣水深8～15mのサンゴ礁域
♥動物食
★メギスに似ていますが、尾びれはまるくありません。

背びれのとげは3本だけ
へりは透明

リュウキュウニセスズメ メギス科
♠5cm ◆琉球列島
♣サンゴ礁域やタイドプール
♥動物食 ★おすは、胸びれと腹びれが黄色く、ほかのひれは濃い青です。

タナバタウオ タナバタウオ科
♠7cm ◆南日本・琉球列島
♣サンゴ礁域やタイドプール
♥動物食 ★夏に産卵し、おすは卵を守ります。

まるい
長い腹びれ

たくさんの白い点

長い腹びれ　ひし形の尾びれ

シモフリタナバタウオ
タナバタウオ科
♠15cm ◆南日本・琉球列島
♣サンゴ礁域 ♥動物食
★背びれに目のような模様があります。

♠大きさ(体長) ◆分布 ♣すみか ♥食性 ★特徴など

クルマダイ

キントキダイ科

- ♠20cm ◆南日本
- ♣水深230m以浅の海底
- ♥動物食
- ★体高が高く、ひれのとげが強いのが特徴です。食用。

キントキダイ

キントキダイ科

- ♠25cm ◆南日本
- ♣水深100m前後の岩礁域 ♥動物食
- ★別名「アカメ」「キンメ」。食用。

チカメキントキ キントキダイ科

- ♠40cm ◆琉球列島をのぞく日本各地
- ♣水深340m以浅の海底 ♥動物食
- ★赤いからだと大きな腹びれが特徴です。食用。

ホウセキキントキ

キントキダイ科

- ♠30cm ◆南日本・琉球列島
- ♣岩礁やサンゴ礁の浅海域から水深200mまで ♥動物食
- ★環境や昼夜によってからだが赤や銀に変化します。食用。

豆ちしき シモフリタナバタウオは、ウツボの一種に擬態していると考えられています。

107

テンジクダイ・イシモチなどのなかま

スズキ目・スズキ亜目

テンジクダイ科の多くは、めすが産んだ卵をおすが口の中に入れて、ふ化するまで守る習性があります。発光器をもつ種もいます。

スカシテンジクダイ
テンジクダイ科
- ♠5cm ◆南日本・琉球列島
- ♣内湾の岩礁やサンゴ礁域
- ♥動物食 ★からだは半透明です。

（黒の太い帯／体高が高い／茶色のまるい斑点）

マンジュウイシモチ
テンジクダイ科
- ♠6cm ◆琉球列島 ♣サンゴ礁域
- ♥動物食
- ★サンゴの枝の間に群れます。

（目を横切る黒いすじ／黒い斑点／黒い斑点）

クロホシイシモチ
テンジクダイ科
- ♠11cm ◆南日本・琉球列島
- ♣外洋に面した岩礁域 ♥動物食
- ★6～8月に産卵。

（黒いしま／黒のまるい斑点）

オオスジイシモチ
テンジクダイ科
- ♠11cm ◆南日本・琉球列島
- ♣浅海の岩礁域 ♥動物食
- ★初夏に産卵。ふつうは群れをつくりません。

キンセンイシモチ
テンジクダイ科
- ♠6cm ◆南日本・琉球列島
- ♣沿岸の岩礁やサンゴ礁域
- ♥動物食 ★からだに6本の金色のしま模様があります。

（金色のしま模様）

♠大きさ（体長）◆分布 ♣すみか ♥食性 ★特徴など

ヒトスジイシモチ
テンジクダイ科
♠8cm ♦南日本・琉球列島
♣岩礁域 ♥動物食
★単独で行動することが多い魚です。

1本の黒いすじ
すじの後ろに黒い斑点

目を横切る黒いすじ
黒い斑
黒のまるい斑点

ネンブツダイ
テンジクダイ科
♠12cm ♦北海道をのぞく日本各地 ♣内湾の岩礁域
♥動物食 ★7〜9月に産卵。

コスジイシモチ
テンジクダイ科
♠11cm ♦南日本・琉球列島
♣沿岸の岩礁域 ♥動物食
★初夏に産卵。

茶色のしま模様
黒のまるい斑点

ヒカリイシモチ
テンジクダイ科
♠4cm ♦南日本・琉球列島
♣サンゴ礁や岩礁域 ♥動物食
★からだの中に発光バクテリアをすまわせて、発光します。

同じ太さの黒っぽいしま模様
小さいものには黒のまるい斑点
上下のふちは黒っぽい

リュウキュウヤライイシモチ
テンジクダイ科
♠17cm ♦南日本・琉球列島
♣沿岸の岩礁やサンゴ礁域 ♥動物食 ★両あごに大きくするどい歯があります。

豆ちしき　ネンブツダイのおすは、卵を口にくわえ、ふ化するまで何も食べずに保護します。

109

アマダイ・アジなどのなかま

スズキ目・スズキ亜目

アマダイ科はからだが薄く、頭が角張っています。
アジ科は背びれが2つで、しりびれの前に1〜2本のとげをもちます。

黄色のしま
三角の白い模様は死ぬと消える

アカアマダイ アマダイ科
♠35cm ◆南日本 ♣水深30〜150mの砂泥底 ♥動物食
★目の後ろに三角の白い模様があります。食用。

からだは薄い

シロアマダイ アマダイ科
♠40cm ◆南日本
♣水深30〜100mの砂泥底 ♥動物食
★アカアマダイに似ていますが、三角の白い模様がありません。食用。

細かい黄色のしま模様

からだはほぼ円筒形　黒い背中

キツネアマダイ キツネアマダイ科
♠35cm ◆南日本・琉球列島
♣サンゴ礁の外側や岩礁の近くの砂底
♥動物食 ★顔はとがり、あなを掘ってかくれる習性があります。

太くて黒い帯

離れた2つの背びれ
大きな目

ムツ
ムツ科
♠1m ◆琉球列島をのぞく日本各地 ♣成魚は沖合の水深200〜700mの岩礁域
♥動物食 ★たくさんのするどい歯をもちます。幼魚は沿岸にあらわれ、成長すると沖合へ移動します。食用。☀

胸びれのすぐ下にある腹びれ

♠大きさ(体長) ◆分布 ♣すみか ♥食性 ★特徴など ☀危険魚

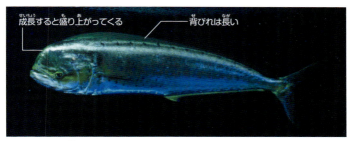

成長すると盛り上がってくる / 背びれは長い

シイラ シイラ科
♠2m ♦日本各地 ♣沿岸から沖合の表層
♥動物食 ★おすめすよりもひたいが張り出しています。食用。

ギンカガミ
ギンカガミ科
♠20cm
♦南日本・琉球列島
♣内湾 ♥動物食
★からだはとても薄く、腹部が張り出しています。

コバンザメ コバンザメ科
♠1m ♦日本各地
♣海洋の表層〜中層
♥動物食（大型魚の食べ残しなど）
★頭部の吸盤で、サメやカジキなどの大型魚に吸いつきます。

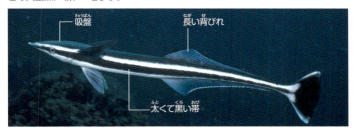

吸盤 / 長い背びれ / 太くて黒い帯

コバンザメの吸盤
吸盤は背びれが変形したもので、ジンベエザメやオニイトマキエイなどのからだの大きな魚に吸いつきます。

吸盤

AR

オニイトマキエイに吸いつくコバンザメ

豆ちしき コバンザメの名は、吸盤の形を小判（江戸時代のお金）にたとえてつけられました。

111

スズキのなかま

ツムブリ アジ科
- ♠1m ◆北海道をのぞく日本各地
- ♣岩礁域の表層
- ♥動物食
- ★ブリよりも細長く、背びれとしりびれの後ろに小さなひれがあります。食用。

小さな第1背びれはたたんでいて見えない
小さなひれが上と下にある

黄色い帯
胸びれは腹びれと同じくらいの長さ
黄色
幼魚

出世魚
ブリは成長するにつれて、「ワカシ→イナダ→ワラサ→ブリ」(関東)、「ツバス→ハマチ→メジロ→ブリ」(関西)などと名前が変わります。このような魚を「出世魚」と呼びます。このほかスズキやボラなども出世魚です。

ブリ アジ科
- ♠1m ◆日本各地
- ♣沿岸から沖合の中・底層
- ♥動物食 ★成長にともない、呼び名が変わります。食用。

胸びれは腹びれより短い
黄色い帯
黄色

ヒラマサ アジ科
- ♠1m ◆日本各地
- ♣沿岸から沖合の中・底層 ♥動物食 ★ブリに似ていますが、胸びれの長さがちがいます。食用。

カンパチ アジ科
- ♠1.5m ◆日本各地
- ♣沿岸の中・底層
- ♥動物食
- ★体高が高く、ブリのなかまでは大型です。食用。

目を横切る黄色い帯
黄色い帯
先が白い

目を横切る茶色い帯
のびた第2背びれ
先が白くない

ヒレナガカンパチ アジ科
- ♠1m ◆南日本・琉球列島
- ♣沿岸の中・底層 ♥動物食
- ★カンパチに似ていますが、背びれと尾びれの形や色がちがいます。食用。

♠大きさ(体長) ◆分布 ♣すみか ♥食性 ★特徴など

マアジ アジ科
- ♠30cm ◆日本各地
- ♣沿岸から沖合の中・底層
- ♥動物食（プランクトン食）
- ★沖合のものを「クロアジ」、沿岸のものを「キアジ」と呼ぶこともあります。食用。

ぜいごは頭の後ろからはじまる
小さなひれはない

黒のまるい点
長くのびた背びれ
とがった口
からだは薄い
深くくぼむ

コバンアジ アジ科
- ♠30cm ◆南日本・琉球列島
- ♣沿岸浅海の砂底 ♥動物食
- ★成長にともない、黒い斑点が増えます。食用。

黒い斑点
黄色いすじ

シマアジ アジ科
- ♠60cm ◆北海道をのぞく日本各地 ♣沿岸の水深200m以浅の中・底層
- ♥動物食 ★初夏に産卵。食用。

ぜいごはここから

ムロアジ アジ科
- ♠40cm ◆日本各地
- ♣水深30〜50mの中層
- ♥動物食（プランクトン食）
- ★初夏に産卵。食用。

メアジ アジ科
- ♠30cm ◆北海道をのぞく日本各地 ♣沿岸から沖合の水深170mまでの中・底層 ♥動物食
- ★大きい目が特徴です。食用。

黄色いすじ
小さなひれはない

からだは薄い
ぜいごはここから

カイワリ アジ科
- ♠25cm ◆琉球列島をのぞく日本各地 ♣沿岸から沖合の底層
- ♥動物食 ★体高が高いのが特徴で、幼魚には6本の横じまがあります。食用。

豆ちしき ぜいごは、側線上にあるとげのような三角形のうろこで、アジのなかまにだけあります。

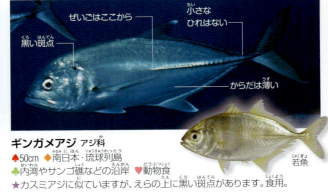

ぜいごはここから 小さなひれはない
黒い斑点 からだは薄い
若魚

ギンガメアジ アジ科
♠50cm ◆南日本・琉球列島
♣内湾やサンゴ礁などの沿岸 ♥動物食
★カスミアジに似ていますが、えらの上に黒い斑点があります。食用。

ロウニンアジ アジ科
♠1m ◆南日本・琉球列島
♣サンゴ礁や岩礁域
♥動物食
★シガテラ毒をもつものもいます。☀

幼魚
背びれの先がのびる
しりびれの先がのびる
第1背びれはない
からだは薄い

イトヒキアジ アジ科
♠1m ◆日本各地 ♣内湾や水深100m以浅の沿岸
♥動物食 ★幼魚や若魚は、背びれとしりびれの先が糸状にのびます。食用。

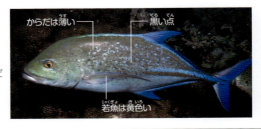

からだは薄い 黒い点
若魚は黄色い

カスミアジ アジ科
♠50cm ◆南日本・琉球列島
♣内湾やサンゴ礁などの浅海 ♥動物食
★シガテラ毒をもつものもいます。☀

♠大きさ(体長) ◆分布 ♣すみか ♥食性 ★特徴など ☀危険魚

ヒイラギ・フエダイ などのなかま　スズキ目・スズキ亜目

ヒイラギ科は、ふつうからだが薄くひし形で、口をのばすことができます。
フエダイ科は、背びれがふつう1つで、口がつき出ているものが多くいます。

からだは薄い
深くくぼむ
左右の腹びれは接している

シマガツオ　シマガツオ科
♠40cm　◆琉球列島をのぞく日本各地　▼表層から水深600mの海域　♥動物食
★夜間に表層に浮き上がります。別名「エチオピア」。食用。

ハチビキ　ハチビキ科
♠40cm　◆北海道をのぞく日本各地
♣水深100〜400mの岩礁域
♥動物食（プランクトン食）
★尾びれの付け根にある出っ張りが特徴です。食用。

背びれは2つ
からだはほぼ円筒形
出っ張りがある

黒い斑　黒い斑
口がのびる　からだは薄い

ヒイラギ　ヒイラギ科
♠9cm　◆北海道をのぞく日本各地
♣沿岸から汽水域の砂泥底　♥動物食
★ヒイラギの葉のような体形です。からだを発光させます。食用。

ヒイラギの口
ヒイラギは海底の小さな生き物を食べるときに、口をくだのようにななめ下にのばします。

豆ちしき　ヒイラギを漢字で書くと「鮗」です。植物のヒイラギは「柊」と書きます。

115

スズキのなかま

ヨスジフエダイ フエダイ科(か)
♠30cm ◆南日本(みなみにほん)・琉球列島(りゅうきゅうれっとう) ♣サンゴ礁(しょう)や沿岸(えんがん)の岩礁域(がんしょういき) ♥動物食(どうぶつしょく)
★黄色(きいろ)いからだに、4本の白いすじがあります。食用(しょくよう)。

幼魚(ようぎょ) 先が(さき)とがる
上下の先が(じょうげ さき)黒い(くろ)

センネンダイ フエダイ科(か)
♠70cm ◆南日本(みなみにほん)・琉球列島(りゅうきゅうれっとう) ♣沿岸(えんがん)の岩礁(がんしょう)やサンゴ礁域(しょういき) ♥動物食(どうぶつしょく)
★「小」の字に見える3本の線は、成長(せいちょう)すると薄(うす)くなります。食用(しょくよう)。

ひれのふちが黒(くろ)っぽい

バラフエダイ
フエダイ科(か)
♠1m ◆南日本(みなみにほん)・琉球列島(りゅうきゅうれっとう)
♣サンゴ礁や岩礁域(がんしょういき)
♥動物食(どうぶつしょく)
★シガテラ毒(どく)をもつことがあります。❀

からだ全体(ぜんたい)に小(ちい)さな白(しろ)い点(てん)

フエダイ フエダイ科(か)
♠35cm
◆南日本(みなみにほん)・琉球列島(りゅうきゅうれっとう)
♣沿岸(えんがん)の岩礁域(がんしょういき)やサンゴ礁域(しょういき) ♥動物食(どうぶつしょく)
★からだの後(うし)ろにある白い斑点(しろ はんてん)が特徴(とくちょう)です。食用(しょくよう)。

白い斑点(しろ はんてん)

♠大きさ(体長)(おお たいちょう) ◆分布(ぶんぷ) ♣すみか ♥食性(しょくせい) ★特徴(とくちょう)など ❀危険魚(きけんぎょ)

マダラタルミ
フエダイ科
- ♠60cm ◆南日本・琉球列島
- ♣サンゴ礁や岩礁域 ♥動物食
- ★幼魚は白地に黒のしま模様があります。食用。

ほおに斑点やすじはない

幼魚

ゴマフエダイ
フエダイ科
- ♠60cm ◆南日本・琉球列島
- ♣河口から沿岸域 ♥動物食
- ★バラフエダイと似ていますが、点の色がちがいます。食用。

からだ全体に小さな黒い点

稚魚

クロホシフエダイ
フエダイ科
- ♠50cm ◆南日本・琉球列島
- ♣サンゴ礁や岩礁域
- ♥動物食 ★幼魚のからだにはしま模様があり、河口域に入ります。食用。

黒い大きな斑点

ヒメフエダイ フエダイ科
- ♠50cm ◆南日本・琉球列島
- ♣浅海の岩礁やサンゴ礁域
- ♥動物食 ★成長にともない、からだが赤黒くなります。食用。

うろこがななめ上へと並ぶ

先がまるい

くぼむ

幼魚

豆ちしき バラフエダイの名前は、からだの赤紫色をバラの花にたとえてつけられました。

117

スズキのなかま

ハナフエダイ
フエダイ科
- ♠40cm ◆南日本・琉球列島
- ♣水深100m以深の大陸棚 ♥動物食
- ★背びれの付け根近くの背に、3つの青い斑があります。食用。

不規則な青い点や線
からだは赤っぽい

背びれが大きくくぼむ

ハマダイ
フエダイ科
- ♠70cm ◆南日本・琉球列島
- ♣水深200m以深 ♥動物食
- ★長くのびた尾びれが特徴です。食用。

尾びれは曲がるようにのびる

ニセクロホシフエダイ
フエダイ科
- ♠30cm ◆南日本・琉球列島
- ♣サンゴ礁や岩礁域
- ♥動物食
- ★シガテラ毒をもつことがあります。✿

黒い大きな斑点
黄色のしま模様

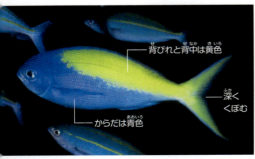

背びれと背中は黄色
深くくぼむ
からだは青色

ウメイロ
フエダイ科
- ♠40cm ◆南日本・琉球列島
- ♣深場の岩礁域
- ♥動物食
- ★背びれと背中の黄色は、熟したウメの実の色に似ています。食用。

♠大きさ(体長) ◆分布 ♣すみか ♥食性 ★特徴など ✿危険魚

イシフエダイ フエダイ科
♠40cm ◆南日本・琉球列島
♣沿岸の浅い岩礁域
♥動物食 ★口が大きく、上あごのはしは目の中央より後方です。食用。

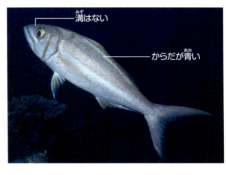
溝はない
からだが青い

アオチビキ フエダイ科
♠1m ◆南日本・琉球列島
♣岩礁やサンゴ礁域
♥動物食
★シガテラ毒をもつものもいます。食用。✿

溝がある
背びれの付け根に3〜5個の黒い点

ハチジョウアカムツ
フエダイ科
♠80cm
◆南日本・琉球列島
♣水深200m以浅
♥動物食 ★体色はハマダイに似ていますが、尾びれの形がちがいます。食用。

背びれが大きくくぼむ
先が白い

若魚は糸状にのびる

若魚

イトヒキフエダイ
フエダイ科
♠1m ◆南日本・琉球列島 ♣サンゴ礁や岩礁域 ♥動物食 ★シガテラ毒をもつものもいます。糸状にのびる背びれの先は、成魚になると完全になくなります。食用。✿

豆ちしき　フエダイのなかまの幼魚は、糸状の背びれを使って、海中をただようと考えられています。

119

タカサゴなどのなかま　スズキ目・スズキ亜目

タカサゴ科の多くは、背びれやしりびれの付け根がうろこでおおわれています。

タカサゴ　タカサゴ科
- ♠30cm
- ◆南日本・琉球列島
- ♣サンゴ礁や岩礁域
- ♥動物食　★泳いでいるときは、青いからだをしています。食用。

黒い斑紋
黄色い線は側線より下

クマササハナムロ　タカサゴ科
- ♠25cm
- ◆南日本・琉球列島
- ♣岩礁やサンゴ礁域　♥動物食
- ★体色をよく変化させ、死ぬとからだが赤くなります。食用。

黒いすじ　黒いすじ

ウメイロモドキ　タカサゴ科
- ♠35cm
- ◆南日本・琉球列島
- ♣サンゴ礁や浅海の岩礁域
- ♥動物食　★夜や釣り上げたときには、からだが赤みを帯びます。食用。

背びれは黄色

ササムロ
タカサゴ科
- ♠35cm
- ◆南日本・琉球列島
- ♣サンゴ礁や岩礁域　♥動物食
- ★産卵のとき、めす1匹におすが群がることがあります。食用。

黄色いすじ　黒いすじ

♠大きさ(体長)　◆分布　♣すみか　♥食性　★特徴など

ユメウメイロ タカサゴ科
♠35cm ◆南日本・琉球列島
♣サンゴ礁や岩礁域 ♥動物食
★ウメイロモドキに似ていますが、体高が高いです。食用。

背びれと背中は青っぽい黄色

マツダイ マツダイ科
♠80cm ◆日本各地 ♣汽水域から外洋の表層 ♥動物食
★幼魚は、枯れ葉に擬態して、流れ藻にくっつきます。

へりが白い
からだは薄い

枯れ葉のように海をただよう幼魚
マツダイの幼魚は、体色を変えて流れ藻などにくっついて、表層をただよいます。

ゴミといっしょにただよう幼魚

からだは薄い
長くのびる

クロサギ クロサギ科
♠25cm ◆南日本 ♣内湾の砂底 ♥動物食
★おそわれると砂にもぐります。食用。

豆ちしき クマササハナムロは、沖縄県ではタカサゴとともに「グルクン」と呼ばれる県魚です。

121

イサキのなかま　スズキ目・スズキ亜目

イサキ科は幼魚と成魚で、からだの形や模様がちがう種が多くいます。

付け根が赤い　　ななめのしま模様　黒い点　黒い斑点

アヤコショウダイ　イサキ科
♠50cm　◆小笠原諸島・琉球列島　♣岩礁やサンゴ礁域　♥動物食
★細いななめのしま模様が特徴です。食用。

目が下にある

イサキ　イサキ科
♠40cm　◆南日本
♣沿岸の岩礁
♥動物食
★幼魚にある黄色い
しま模様は、成長にともない
薄れます。夜行性。食用。

幼魚

コロダイ　イサキ科
♠60cm　◆南日本・琉球列島
♣沿岸の岩礁やサンゴ礁域、
砂泥底　♥動物食
★幼魚は、からだを
くねらせて泳ぎます。
食用。

口の中は赤くない

若魚　　黄色　白い帯　幼魚

♠大きさ(体長)　◆分布　♣すみか　♥食性　★特徴など

幼魚

コショウダイ
イサキ科
♠50cm ◆南日本 ♣岩礁から砂泥底 ♥動物食
★ななめの帯のような模様が特徴です。食用。

黒い点 / 深くくぼむ / くちびるは厚く、口の中は赤い

幼魚

チョウチョウコショウダイ
イサキ科
♠35cm ◆南日本・琉球列島
♣沿岸の岩礁やサンゴ礁域
♥動物食 ★成長にともない、からだの模様が大きく変わります。食用。

白と黒のしま

幼魚

腹部にはしまがない

ヒレグロコショウダイ
イサキ科
♠40cm ◆南日本・琉球列島
♣沿岸の岩礁やサンゴ礁域
♥動物食
★ムスジコショウダイに似ていますが、腹部にしま模様がありません。食用。

ムスジコショウダイ
イサキ科
♠40cm ◆南日本・琉球列島
♣沿岸の岩礁やサンゴ礁域
♥動物食 ★幼魚のからだには、白い斑紋があります。食用。

豆ちしき コロダイの幼魚は、毒をもつゴンズイに擬態して身を守っていると考えられています。

123

イトヨリダイ・マダイのなかま　スズキ目・スズキ亜目

イトヨリダイ科は、背びれとしりびれにとげをもちます。タイ科は、体高が高く、だ円形で、口に形のちがう数本の歯があります。

キツネウオ
イトヨリダイ科
- ♠18cm　◆琉球列島
- ♣水深15m以深のサンゴ礁域　♥動物食
- ★成長にともない、ひれの赤みが増し、尾びれがのびます。食用。

上下がのびる

イトヨリダイ　イトヨリダイ科
- ♠35cm　◆南日本
- ♣水深40〜250mの砂泥底
- ♥動物食　★尾びれの上が糸状にのびているのが特徴です。食用。

赤い斑／黄色いしま／糸状にのびる

白いしま／白い斑点

黄色／赤い帯

ヨコシマタマガシラ　イトヨリダイ科
- ♠18cm　◆琉球列島　♣サンゴ礁域
- ♥動物食　★3〜4本の白いしまがあり、上から2番目のしまは幅が広くて長いです。食用。

タマガシラ　イトヨリダイ科
- ♠20cm　◆南日本・琉球列島
- ♣やや深い砂礫底や岩礁域　♥動物食
- ★赤い帯が特徴です。食用。

薄い黄色／黒い／黒いすじにはさまれた白い帯

まるい／黒っぽい銀色

フタスジタマガシラ　イトヨリダイ科
- ♠16cm　◆南日本・琉球列島　♣サンゴ礁域　♥動物食　★ななめのすじは、成長にともないあらわれます。食用。

ヘダイ
タイ科
- ♠35cm　◆南日本・琉球列島
- ♣沿岸の岩礁域や内湾　♥動物食
- ★若魚のときはおすで、成長にともない、めすに性転換します。食用。

♠大きさ(体長)　◆分布　♣すみか　♥食性　★特徴など

キダイ タイ科

- ♠35cm ◆北海道と琉球列島をのぞく日本各地 ◆大陸棚周辺の水深50〜200m ♥動物食
- ★マダイに似ていますが、背中に青い斑点がありません。食用。

からだは赤い / 背中に青い斑点がない / 大きな黄色の模様

直線的 / 黒っぽい銀色 / 黒い斑

クロダイ タイ科

- ♠50cm ◆琉球列島をのぞく日本各地 ♣沿岸や内湾、汽水域 ♥動物食 ★成長にともない、めすに性転換します。食用。

黒い斑 / 灰色

ミナミクロダイ タイ科

- ♠45cm ◆琉球列島 ♣内湾や汽水域 ♥動物食 ★2〜6月に産卵。食用。

キビレアカレンコ タイ科

- ♠35cm ◆小笠原諸島・琉球列島 ♣水深50〜150mの岩礁域 ♥動物食 ★各ひれが黄色です。食用。

黄色

キチヌ タイ科

- ♠45cm ◆南日本 ♣内湾や汽水域 ♥動物食 ★クロダイよりも汽水域を好みます。食用。

マダイ タイ科

- ♠1m ◆日本各地 ♣沿岸の水深30〜200mの岩礁や砂底 ♥動物食
- ★肉食性で、じょうぶな歯とあごで貝類などをかみくだきます。食用。

からだは赤い / 背中に青い斑点

豆ちしき マダイなど名前にタイとつく魚は300種以上いますが、タイ科は十数種だけです。

125

フエフキダイ・ニベのなかま

スズキ目・スズキ亜目

フエフキダイ科は、口がつき出た種が多くいます。
ニベ科は、うきぶくろを振動させて、グーグーと音を出します。

ノコギリダイ
フエフキダイ科
♠20cm ◆南日本・琉球列島 ♣沿岸の岩礁やサンゴ礁域 ♥動物食 ★シガテラ毒をもつものもいます。☀

大きな目／黄色い模様／黄色いしま

目に黒い帯

しま模様は成長とともに消える

幼魚

メイチダイ
フエフキダイ科
♠30cm ◆南日本・琉球列島 ♣沿岸の岩礁域 ♥動物食 ★1本の帯が目を通るので、この名がつきました。食用。

長くつき出る

キツネフエフキ
フエフキダイ科
♠80cm ◆琉球列島 ♣岩礁やサンゴ礁域 ♥動物食 ★長くつき出た口が特徴です。シガテラ毒をもつものもいます。☀

ななめのしま

幼魚

出っ張る

ヨコシマクロダイ
フエフキダイ科
♠45cm ◆南日本・琉球列島 ♣沿岸の岩礁やサンゴ礁域 ♥動物食 ★シガテラ毒をもつものもいます。幼魚は白地に黒い横帯があります。☀

♠大きさ(体長) ◆分布 ♣すみか ♥食性 ★特徴など ☀危険魚

黒い斑

ピンク色

イトフエフキ フエフキダイ科
♠20cm ◆南日本・琉球列島 ♣沿岸の浅海やサンゴ礁域 ♥動物食 ★背びれの2番目のとげが長くのびています。食用。

フエフキダイ フエフキダイ科
♠40cm ◆南日本・琉球列島 ♣沿岸の岩礁やサンゴ礁域 ♥動物食 ★体高が高いのが特徴です。食用。

うろこに黄色い斑点
ななめのしま

ハマフエフキ
フエフキダイ科
♠70cm ◆南日本・琉球列島 ♣沿岸の岩礁やサンゴ礁域 ♥動物食 ★成長にともないめすからおすに性転換します。食用。

赤い　オレンジ色のしま

黒い斑点　深くくぼむ

ハナフエフキ フエフキダイ科
♠30cm ◆南日本・琉球列島 ♣岩礁やサンゴ礁域 ♥動物食 ★えらぶたのへりが赤くなっています。

シログチ ニベ科
♠30cm ◆北海道と琉球列島をのぞく日本各地 ♣水深140m以浅の砂泥底 ♥動物食 ★えらぶたに黒い斑点があります。別名「イシモチ」。食用。

深くくぼむ
ななめのすじ

ニベ ニベ科
♠40cm ◆南日本 ♣浅海の砂泥底 ♥動物食 ★別名「イシモチ」。食用。

豆ちしき　ニベやシログチは、三半規管にある耳石が大きいことから「イシモチ」とも呼ばれます。

127

ヒメジ・ハタンポなどのなかま

スズキ目・スズキ亜目

ヒメジ科は、下あごに長いひげが1対（2本）あります。
ハタンポ科は、目が大きく、背びれがからだの前方に1つあります。

アオバダイ
アオバダイ科
- ♠60cm
- ◆南日本
- ♣深海底
- ♥動物食
- ★幼魚のからだには、縦じまがあります。食用。

黄色いすじ

ウミヒゴイ ヒメジ科
- ♠50cm
- ◆南日本・琉球列島
- ♣やや深い岩礁域
- ♥動物食
- ★黄色いすじは成長すると薄くなります。食用。

白いひげ

オジサン ヒメジ科
- ♠20cm
- ◆南日本・琉球列島
- ♣水深160m以浅の砂礫底やサンゴ礁域
- ♥動物食
- ★泳いでいるときは、ひげを下あごの溝にたたんでいます。食用。

黒い斑点
白いひげ

黒い
しま模様

ミナミヒメジ ヒメジ科
- ♠30cm
- ◆南日本・琉球列島
- ♣サンゴ礁や岩礁域の砂底
- ♥動物食
- ★ひげは白いです。食用。

特に太いしま

キスジヒメジ ヒメジ科
- ♠17cm
- ◆南日本・琉球列島
- ♣内湾の砂泥底
- ♥動物食
- ★目の後ろから尾にかけて、黄色いすじが1本あります。食用。

♠大きさ（体長）◆分布 ♣すみか ♥食性 ★特徴など

アカヒメジ ヒメジ科

- ♠40cm ◆南日本・琉球列島
- ♣水深100m以浅の岩礁やサンゴ礁域 ♥動物食
- ★生きているときは薄い黄色で、死ぬと赤くなります。食用。

黄色いすじ

ヒメジ ヒメジ科

- ♠18cm ◆日本各地
- ♣水深160m以浅の砂泥底 ♥動物食
- ★夜になると体色が変化して、赤い帯や斑点があらわれます。食用。

赤いしま

黄色いひげ

ヒメジのなかまのひげ

ヒメジのなかまのひげには、味蕾と呼ばれる、味を感じる器官があり、砂の中の食べものを探します。

前と後ろで色がちがう

黒い斑点

黒い斑点

しま模様

インドヒメジ ヒメジ科

- ♠25cm ◆南日本・琉球列島
- ♣岩礁やサンゴ礁域の砂礫底
- ♥動物食 ★からだの前が茶褐色、後ろが黄色みを帯びています。食用。

ヨメヒメジ ヒメジ科

- ♠30cm ◆南日本・琉球列島 ♣浅海の岩礁や砂地 ♥動物食 ★目を通るこげ茶色のすじが特徴です。食用。

マルクチヒメジ ヒメジ科

- ♠50cm ◆南日本・琉球列島
- ♣サンゴ礁域の砂礫底
- ♥動物食
- ★体色はさまざまです。

豆ちしき アカヒメジの名前は、死後にからだが赤くなることに由来しています。

129

スズキのなかま

シロギス キス科
- ♠27cm ◆琉球列島をのぞく日本各地
- ♣内湾や沿岸の砂泥底
- ♥動物食 ★ほかのキスのなかまとちがって、背びれに模様がありません。食用。

模様はない
しりびれの基底が長い

ホシギス キス科
- ♠30cm ◆琉球列島
- ♣沿岸や河口の砂泥底 ♥動物食
- ★死ぬと褐色の斑点があらわれます。

黒い点
基底が長い

アオギス
キス科 🟥
- ♠30cm ◆南日本
- ♣内湾や沿岸の砂泥底 ♥動物食
- ★体色は青みを帯びています。

からだは薄くひし形
尾びれまで続く側線

ツマグロハタンポ
ハタンポ科
- ♠15cm ◆南日本 浅海の岩礁域
- ♥動物食（プランクトン食）
- ★背びれやしりびれの先が黒みを帯びています。

黒い
しりびれの基底が長い

からだは薄くひし形
尾びれまで続く側線
しりびれの基底が長い

ミナミハタンポ
ハタンポ科
- ♠13cm ◆南日本
- ♣浅海の岩礁域 ♥動物食
- ★背びれやしりびれの先は黒くありません。

♠大きさ(体長) ◆分布 ♣すみか ♥食性 ★特徴など 🟥絶滅危惧種

チョウチョウウオのなかま　スズキ目・スズキ亜目

チョウチョウウオ科は、あたたかい海のサンゴ礁などにすむ熱帯性の魚です。
体色があざやかなものは観賞魚にされています。

チョウハン　チョウチョウウオ科
♠25cm　◆南日本・琉球列島
♣沿岸の岩礁やサンゴ礁域　♥動物食
★幼魚は背びれに、目のような模様があります。

大きな黒い斑
黒い斑

黒い帯
途中で向きが変わるななめのしま

フウライチョウチョウウオ
チョウチョウウオ科
♠20cm　◆南日本・琉球列島　♣沿岸の岩礁やサンゴ礁域　♥動物食　★ペアで行動することが多く、広い範囲を泳ぎ回ります。

セグロチョウチョウウオ
チョウチョウウオ科
♠30cm　◆南日本・琉球列島
♣岩礁やサンゴ礁域　♥雑食
★糸状の背びれは少しのびます。

大きな黒い斑
糸状の背びれ
黄色

黒と白の帯
黒っぽいしま模様

チョウチョウウオ
チョウチョウウオ科
♠20cm　◆北海道をのぞく日本各地
♣岩礁やサンゴ礁域　♥動物食
★チョウチョウウオのなかまの中で、最も北まで分布しています。

ユウゼン　チョウチョウウオ科
♠15cm　◆南日本・琉球列島
♣岩礁やサンゴ礁域　♥雑食
★チョウチョウウオにはめずらしく、黒みを帯びています。

豆ちしき　ユウゼンは、「ユウゼン玉」と呼ばれる数十匹の群れをつくることがあります。

スズキのなかま

ヤリカタギ
チョウチョウウオ科
♠16cm ◆南日本・琉球列島
♣岩礁やサンゴ礁域
♥動物食（サンゴのポリプ）
★夜になると、中央に黒い模様が出て、その中に白い斑が出ます。

「く」の字の黒いしま模様
黒くてへりは黄色

カスミチョウチョウウオ
チョウチョウウオ科
♠16cm ◆南日本・琉球列島
♣岩礁やサンゴ礁域
♥動物食（プランクトン食）
★大きな群れをつくります。

山のような模様
黒っぽい顔
青い斑
黒のまるい点

「く」の字のしま模様
黒い

ミカドチョウチョウウオ
チョウチョウウオ科
♠15cm ◆南日本・琉球列島 ♣岩礁やサンゴ礁域 ♥動物食（サンゴのポリプ）
★背びれとしりびれが長く、三角形に近い体形です。

スミツキトノサマダイ
チョウチョウウオ科
♠15cm ◆南日本・琉球列島
♣沿岸の岩礁やサンゴ礁域
♥動物食（サンゴのポリプ）
★青い斑が特徴です。

トゲチョウチョウウオ
チョウチョウウオ科
♠23cm ◆南日本・琉球列島
♣沿岸の岩礁やサンゴ礁域
♥動物食 ★成魚は、背びれの後ろが糸状にのびます。

ななめのしま模様は途中で向きが変わる
黒のまるい点
のびる

♠大きさ（体長）◆分布 ♣すみか ♥食性 ★特徴など

ニセフウライ
チョウチョウウオ

チョウチョウウオ科
- ♠36cm ◆南日本・琉球列島
- ♣岩礁やサンゴ礁域 ♥雑食
- ★チョウチョウウオの中では大型です。

黒いしま模様
黒い帯

黒のまるい点
黒い帯

イッテンチョウチョウウオ

チョウチョウウオ科
- ♠17cm ◆南日本・琉球列島 ♣岩礁やサンゴ礁域 ♥動物食（サンゴのポリプ）
- ★黒のまるい点が1つあります。

黒い帯
少しのびる

レモンチョウチョウウオ

チョウチョウウオ科
- ♠20cm ◆南日本・琉球列島
- ♣岩礁やサンゴ礁域 ♥雑食
- ★単独で泳いでいることが多いです。

黒い帯

タキゲンロクダイ

チョウチョウウオ科
- ♠17cm ◆南日本・琉球列島
- ♣沿岸のやや深い岩礁域 ♥雑食
- ★胸部の黒い帯が、2つに分かれています。

にせものの眼

チョウチョウウオのなかまの幼魚には、背びれに目玉模様をもつものがいます。これはにせものの眼で、敵の気をひく効果があり、攻撃されにくくなると考えられています。模様は成長すると消えます。

タキゲンロクダイの幼魚

ポリプ食の魚は、オニヒトデの食害や環境悪化でサンゴが被害を受けると姿を消します。

アケボノチョウチョウウオ

チョウチョウウオ科
- ♠18cm ◆南日本・琉球列島
- ♣岩礁やサンゴ礁域 ♥動物食
- ★夜になると、背に黒い模様が出て、その中に白い点が出ます。

黒いななめのしま模様

黒のまるい点

黒のまるい点

2本の白いすじ

ウミヅキチョウチョウウオ

チョウチョウウオ科
- ♠18cm ◆南日本・琉球列島 ♣岩礁やサンゴ礁域 ♥雑食 ★胸びれからしりびれに向かって、2本のすじがあります。

青いしま模様

黒い帯

ミスジチョウチョウウオ

チョウチョウウオ科
- ♠15cm ◆南日本・琉球列島 ♣岩礁やサンゴ礁域 ♥動物食(サンゴのポリプ)
- ★からだはだ円形です。

からだの後ろ半分は黄色

黒い腹びれ

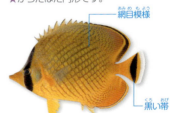

網目模様

黒い帯

アミチョウチョウウオ

チョウチョウウオ科
- ♠15cm ◆南日本・琉球列島 ♣岩礁やサンゴ礁域 ♥動物食 ★アミメチョウチョウウオに似ていますが、体色がちがいます。

ミゾレチョウチョウウオ

チョウチョウウオ科
- ♠18cm ◆南日本・琉球列島
- ♣沿岸の岩礁やサンゴ礁域 ♥雑食
- ★成魚はペアでいることが多いです。

アミメチョウチョウウオ

チョウチョウウオ科
- ♠12cm ◆南日本・琉球列島 ♣岩礁やサンゴ礁域 ♥雑食 ★ときどき東日本の相模湾などでも見られます。

白地に黒の網目模様

オレンジ色

♠大きさ(体長) ◆分布 ♣すみか ♥食性 ★特徴など

オウギチョウチョウウオ

チョウチョウウオ科
- ♠18cm ◆琉球列島 ♣サンゴ礁域
- ♥動物食（サンゴのポリプ）
- ★ななめのしま模様が、背中で集まっています。

黒いななめのしま模様

黒の網目模様 — 黒の帯

カガミチョウチョウウオ

チョウチョウウオ科
- ♠12cm ◆南日本・琉球列島
- ♣岩礁やサンゴ礁域 ♥動物食
- ★からだは銀色で、網目模様があります。

黄色 — 黄色

シラコダイ チョウチョウウオ科
- ♠13cm ◆南日本
- ♣沿岸のやや深い岩礁域 ♥雑食
- ★低めの水温にも耐えられます。

黄色のななめのしま模様

ハナグロチョウチョウウオ

チョウチョウウオ科
- ♠20cm ◆南日本・琉球列島
- ♣岩礁やサンゴ礁域
- ♥動物食（サンゴのポリプ）
- ★オウギチョウチョウウオに似ていますが、しま模様は背中で集まりません。

黒っぽいしま模様 — 黒い帯 — 黒のまるい点

スダレチョウチョウウオ

チョウチョウウオ科
- ♠20cm ◆南日本・琉球列島
- ♣沿岸の岩礁やサンゴ礁域 ♥動物食
- ★からだの上部に幅の広い黒い帯があります。

チョウチョウウオのなかまには、昼と夜で体色が変化する種がたくさんいます。

スズキのなかま

黒っぽい顔　黒のまるい点
長くつき出た口

のびる
しま模様
目を通るしまは腹びれまで

フエヤッコダイ
チョウチョウウオ科
♠18cm ◆南日本・琉球列島
♣岩礁やサンゴ礁域 ♥動物食
★細長い口でサンゴのすき間から食べものをとります。

ミナミハタタテダイ
チョウチョウウオ科
♠15cm ◆南日本・琉球列島 ♣サンゴ礁域 ♥動物食(サンゴのポリプ)
★3本の黒いしまがあります。

のびる
目を通るしまは背びれまで
突起

のびる
しま模様

ハタタテダイ
チョウチョウウオ科
♠20cm ◆北海道をのぞく日本各地 ♣沿岸の岩礁やサンゴ礁域 ♥動物食
★背びれの4番目のとげが長くのびます。

オニハタタテダイ
チョウチョウウオ科
♠25cm ◆南日本・琉球列島
♣岩礁やサンゴ礁域 ♥動物食
★ひたいの突起は、成長にともない大きくなります。

突起
黒いからだに白いしま

のびる

ムレハタタテダイ
チョウチョウウオ科
♠18cm ◆南日本・琉球列島
♣沿岸の岩礁やサンゴ礁域
♥動物食 ★ハタタテダイと似ていますが、群れて泳ぐことが多く見られます。

ツノハタタテダイ
チョウチョウウオ科
♠20cm ◆南日本・琉球列島
♣岩礁やサンゴ礁域
♥動物食 ★成魚の目の上に角のような突起があります。

136　♠大きさ(体長) ◆分布 ♣すみか ♥食性 ★特徴など

キンチャクダイのなかま　スズキ目・スズキ亜目

キンチャクダイ科はチョウチョウウオ科に似ていますが、
えらぶたの前にある骨のはしに、大きなとげが1本あります。

黄色のからだに青いしま模様

キンチャクダイ　キンチャクダイ科
- ♠20cm ◆南日本 ♣沿岸の岩礁域
- ♥雑食(カイメンや藻類など)
- ★成長にともない模様が変わります。

強いとげ

黄色いななめのしま模様

幼魚の模様

キンチャクダイのなかまの成魚は、縄張りに同じ模様の魚が入ると攻撃します。成魚と幼魚の模様がちがうことで、幼魚は攻撃を受けないと考えられています。

強いとげ

タテジマキンチャクダイ　**AR**
キンチャクダイ科
- ♠40cm ◆南日本・琉球列島 ♣岩礁やサンゴ礁域 ♥雑食(カイメンや藻類など)
- ★幼魚のからだはうず巻き模様です。

タテジマキンチャクダイの幼魚

黒いしま模様
白い帯

おすには黒いしま模様
へりが黒い
上下が長くのびる

強いとげ

青い点

ロクセンヤッコ　キンチャクダイ科
- ♠38cm ◆琉球列島 ♣サンゴ礁域
- ♥雑食(カイメンや藻類など) ★幼魚の模様はサザナミヤッコに似ています。

ヒレナガヤッコ　キンチャクダイ科
- ♠13cm ◆小笠原諸島・伊豆諸島・琉球列島 ♣サンゴ礁外縁の崖
- ♥動物食(プランクトン食)
- ★おすとめすで模様がちがいます。

🟢ちしき　魚のしまや帯の模様は、頭から尾にかけてを「縦」、背から腹にかけてを「横」といいます。

スミレヤッコ
キンチャクダイ科
♠9cm ◆南日本・琉球列島
♣岩礁やサンゴ礁域 ♥雑食
★よく岩あななどにかくれています。

シテンヤッコ キンチャクダイ科
♠26cm ◆南日本・琉球列島
♣岩礁やサンゴ礁域 ♥雑食（カイメンや藻類）
★幼魚のころは、頭部に黒いしま、背びれに黒くてまるい点があります。

アブラヤッコ キンチャクダイ科
♠15cm ◆南日本・琉球列島 ♣岩礁やサンゴ礁域 ♥雑食 ★成魚と幼魚で模様はあまり変わりません。

ナメラヤッコ キンチャクダイ科
♠8cm ◆南日本・琉球列島
♣岩礁やサンゴ礁域 ♥雑食
★めすからおすに性転換します。キンチャクダイのなかまでは小型です。

チリメンヤッコ キンチャクダイ科
♠16cm ◆琉球列島 ♣サンゴや岩礁域 ♥雑食 ★成魚と幼魚で模様はあまり変わりません。

アカハラヤッコ キンチャクダイ科
♠10cm ◆南日本・琉球列島
♣岩礁やサンゴ礁域 ♥雑食
★めすからおすに性転換します。

レンテンヤッコ

キンチャクダイ科
♠13cm ◆南日本・琉球列島
♣岩礁やサンゴ礁域
♥雑食 ★めすからおすに
性転換します。

強いとげ / 尾びれは黄色

ニシキヤッコ

キンチャクダイ科
♠20cm ◆南日本・
琉球列島 ♣岩礁や
サンゴ礁域 ♥雑食
(カイメンや藻類など) ★成魚と
幼魚で模様はあまり変わりません。

幼魚 / 強いとげ / 白と黄色のしま模様

たくさんの黒い点 / 強いとげ

サザナミヤッコ

キンチャクダイ科
♠40cm ◆南日本・琉球列島
♣岩礁やサンゴ礁域 ♥雑食
★成魚のえらぶたとからだの
ふちは青い色をしています。

上下の先が長くのびる / 強いとげ / 黒のしま模様

タテジマヤッコ　キンチャクダイ科
♠16cm ◆南日本・琉球列島
♣サンゴ礁や岩礁域
♥動物食(プランクトン食)
★おすとめすでは体色と模様がちがい
ます。めすからおすに性転換します。

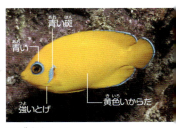
青い斑 / 青い / 強いとげ / 黄色いからだ

コガネヤッコ

キンチャクダイ科
♠7cm ◆小笠原諸島・琉球列島
♣サンゴ礁域 ♥雑食
★幼魚には黒い模様があります。

豆ちしき　アブラヤッコは、群れのおすが死ぬと、1匹のめすがおすに性転換します。

ゴンベなどのなかま　スズキ目・スズキ亜目

ゴンベ科とタカノハダイ科は、海底で動くのに都合のよい、発達した胸びれをもちます。カワビシャ科はからだが薄く、頭の一部に骨が露出しています。

メガネゴンベ
ゴンベ科
- ♠13cm ◆南日本・琉球列島 ♣水深30m以浅のサンゴ礁域 ♥動物食 ★多くはサンゴの枝の間にすんでいます。

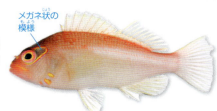

メガネ状の模様

サラサゴンベ　ゴンベ科
- ♠7cm ◆南日本・琉球列島 ♣岩礁やサンゴ礁域 ♥動物食 ★胸びれでからだを支え、サンゴの上に乗っていることがよくあります。

点線状の斑点
腹は白い
赤い斑点

イソゴンベ
ゴンベ科
- ♠28cm ◆南日本・琉球列島 ♣サンゴ礁外縁の波の荒い場所 ♥動物食 ★体形や模様はカサゴに似ています。

白い斑点

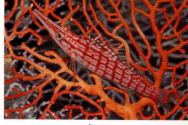

糸状にのびる
黄色いからだ

オキゴンベ　ゴンベ科
- ♠12cm ◆南日本 ♣やや深い岩礁域 ♥動物食 ★岩の割れ目などにいます。

クダゴンベ　ゴンベ科
- ♠13cm ◆南日本・琉球列島 ♣岩礁域 ♥動物食 ★細長い口が特徴です。

♠大きさ（体長）　◆分布　♣すみか　♥食性　★特徴など

ミナミゴンベ ゴンベ科
- ♠12cm ◆南日本・琉球列島
- ♣岩礁域 ♥動物食
- ★カイメン類などの中にすんでいます。

からだに不規則な模様

ベニゴンベ ゴンベ科
- ♠9cm ◆小笠原諸島・琉球列島
- ♣水深15m以浅のサンゴ礁域 ♥動物食
- ★イボハナヤサイサンゴの枝の間にすんでいます。

黒い / 黒い帯

ホシゴンベ ゴンベ科
- ♠22cm ◆南日本・琉球列島
- ♣水深30m以浅のサンゴ礁域
- ♥動物食 ★体色はさまざまです。

背中は濃い茶色 / 赤い点

ミギマキ
タカノハダイ科
- ♠27cm ◆南日本・琉球列島
- ♣沿岸の岩礁域
- ♥雑食 ★タカノハダイに似ていますが、口が赤いのが特徴です。

赤い / ななめのしま模様 / 上が白か黄色で下は黒い / 黒い帯は目を通り胸びれにつながる

ななめのしま模様 / 白い斑点

タカノハダイ タカノハダイ科
- ♠36cm ◆北海道をのぞく日本各地
- ♣岩礁域 ♥雑食 ★白い斑点のある尾びれが鳥のタカの羽に似ています。

テングダイ カワビシャ科
- ♠50cm ◆日本各地 ♣水深15〜250mの岩礁域や砂底 ♥動物食 ★下あごに短いひげが密集して生えています。

豆ちしき　クダゴンベは、サンゴのなかまのウミトサカなどに擬態して姿をかくしています。

141

ウミタナゴのなかま　スズキ目・スズキ亜目

ウミタナゴ科は胎生で、卵ではなく稚魚を産みます。

オキタナゴ
ウミタナゴ科
- ♠12cm ◆北日本
- ♣沿岸から沖合
- ♥動物食
- ★ウミタナゴよりも細長い体形です。食用。

先がのびる

口は小さく下が長い

マタナゴ
ウミタナゴ科
- ♠19cm ◆南日本
- ♣岩礁域 ♥動物食
- ★5〜6月に30匹前後の稚魚を産みます。食用。

先がのびない

ウミタナゴ　ウミタナゴ科
- ♠20cm ◆北日本
- ♣沿岸の岩礁や藻場 ♥動物食
- ★5〜6月に30匹前後の稚魚を産みます。赤いからだのものは、別種のアカタナゴです。食用。

ウミタナゴの出産
ウミタナゴは、おなかの中で卵をかえして、少し成長させてから稚魚を直接産みます。

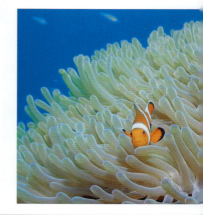

♠大きさ（体長）◆分布 ♣すみか ♥食性 ★特徴など

スズメダイ のなかま スズキ目・スズキ亜目

スズメダイ科は熱帯性の魚で、体色があざやかな種は鑑賞魚にされています。

カクレクマノミ スズメダイ科
♠8cm ◆琉球列島 ♣サンゴ礁域
♥雑食 ★ハタゴイソギンチャク
などと共生します。

クマノミ スズメダイ科
♠10cm ◆南日本・琉球列島
♣浅海の岩礁やサンゴ礁域 ♥雑食
★3本の白いしまが特徴で、サンゴ
イソギンチャクなどと共生します。

ハマクマノミ スズメダイ科
♠11cm ◆南日本・琉球列島
♣浅海の岩礁やサンゴ礁域 ♥雑食
★幼魚には白いしまが2〜3本あります。
タマイタダキイソギンチャクと共生します。

セジロクマノミ スズメダイ科
♠11cm ◆琉球列島 ♣サンゴ礁域
♥雑食 ★ハタゴイソギンチャクなどと共
生します。

クマノミのなかまは、毒針をもつ
イソギンチャクの触手の間にすん
で、イソギンチャクに身を守って
もらいます。

豆ちしき クマノミのなかまのからだは粘液におおわれ、イソギンチャクの毒針にはさされません。

143

スズキのなかま

スズメダイ
スズメダイ科
♠13cm ◆南日本
♣浅海の岩礁域
♥雑食 ★背びれの付け根の後ろに白い点があります。食用。

上下に黒いすじ
黒い斑点

白い点は成魚になると薄くなる

ミツボシクロスズメダイ
スズメダイ科
♠11cm ◆南日本・琉球列島
♣浅い岩礁やサンゴ礁域
♥雑食 ★幼魚は大型のイソギンチャクと共生します。

2本の黒いすじ
へりが黒い
小さな青い点

ルリホシスズメダイ
スズメダイ科
♠8cm ◆南日本・琉球列島
♣サンゴ礁域 ♥植物食
★からだに散らばる小さな青い点が特徴です。

フタスジリュウキュウスズメダイ
スズメダイ科
♠6cm ◆南日本・琉球列島
♣サンゴ礁域 ♥雑食
★からだの後ろの黒いすじは、成長にともない薄くなります。

ネッタイスズメダイ
スズメダイ科
♠5cm ◆南日本・琉球列島
♣岩礁やサンゴ礁域 ♥雑食
★成魚も幼魚も全身が黄色です。

♠大きさ(体長) ◆分布 ♣すみか ♥食性 ★特徴など

セナキルリスズメダイ

スズメダイ科
- ♠7cm ◆南日本・琉球列島
- ♣サンゴ礁域 ♥雑食
- ★単独でくらします。

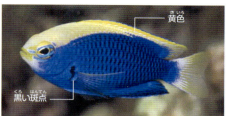

黄色
黒い斑点

青いからだ

ルリスズメダイ スズメダイ科
- ♠5cm ◆南日本・琉球列島
- ♣サンゴ礁域 ♥雑食
- ★尾びれはおすは青く、めすは透明です。

シリキルリスズメダイ

スズメダイ科
- ♠5cm ◆南日本・琉球列島
- ♣枝状サンゴの周辺 ♥雑食
- ★黄色い尾びれが特徴です。

黄色

オヤビッチャ

スズメダイ科
- ♠17cm ◆北海道をのぞく日本各地
- ♣サンゴ礁や岩礁域
- ♥雑食 ★5本の黒い帯が特徴です。食用。

5本の黒い帯

小さな黒い斑点

ソラスズメダイ

スズメダイ科
- ♠7cm ◆南日本・琉球列島
- ♣岩礁やサンゴ礁域
- ♥動物食(プランクトン食)
- ★海中では、からだは空色(青)です。

豆ちしき ソラスズメダイは、海底の石などの下の砂を掘って巣をつくります。

スズキのなかま

デバスズメダイ
スズメダイ科
♠7cm ◆南日本・琉球列島 ♣枝状サンゴの周辺 ♥雑食
★アオバスズメダイに似ていますが、胸びれの付け根に黒い斑点はありません。

アオバスズメダイ
スズメダイ科
♠8cm ◆南日本・琉球列島 ♣岩礁やサンゴ礁域 ♥雑食
★サンゴの枝の周りで群れをつくります。

濃い青い点
小さな黒い斑点

安全なかくれ場所
サンゴの周りでくらすスズメダイのなかまは、危険がせまると、サンゴの枝の間にかくれて身を守ります。

サンゴの枝の間にかくれるスズメダイのなかま

黒い帯があり、その後ろは白い

とがる
黒い斑点
とがる

イシガキスズメダイ
スズメダイ科
♠8cm ◆南日本・琉球列島 ♣サンゴ礁域 ♥雑食
★サンゴの枝の間にかくれます。

ヒレナガスズメダイ
スズメダイ科
♠9cm ◆南日本・琉球列島 ♣サンゴ礁域 ♥雑食 ★幼魚は、黄色いからだに2本の黒い帯があります。

♠大きさ(体長) ◆分布 ♣すみか ♥食性 ★特徴など

性別を変える魚

　魚のなかには、成長するにつれ、性別を変える種がいます。めすからおすになったり、おすからめすになったり、性別を変えることで子孫を残しやすくすると考えられています。

「めす」から「おす」に変わる

キュウセン(154ページ)
めすとおすでは体色が変わります。めすをアカベラ、おすをアオベラと呼びます。

サクラダイ(101ページ)
おすは、からだに白い模様があります。

「おす」から「めす」に変わる

カクレクマノミ(143ページ)
成魚のペアでは、おすよりもめすの方が大きいです。

クロダイ(125ページ)
生まれたときはすべておすですが、成長すると、めすに変わるものがいます。

群れを守るために性別を変える

　キュウセンはおすが死ぬと、群れでいちばん大きなめすが、おすに変わります。一方、カクレクマノミはめすが死ぬと、群れでいちばん大きなおすがめすに変わります。このほか、おす→めす→おすのようにひんぱんに性転換する魚もいます。

カクレクマノミの群れ

147

シマイサキなどのなかま   スズキ目・スズキ亜目

シマイサキ科は、うきぶくろを使って音を出します。

タカベ タカベ科
- ♠22cm ◆南日本 ♣沿岸の岩礁域の表層から中層
- ♥動物食（プランクトン食）
- ★夏から秋に産卵。食用。

くぼむ / 黄色

くぼむ / 曲がった黒いしま模様 / 黒いしま模様

コトヒキ
シマイサキ科
- ♠30cm ◆日本各地
- ♣沿岸の浅海や河口域
- ♥動物食 ★うきぶくろをのび縮みさせて音を出します。食用。

黒いしま模様

シマイサキ
シマイサキ科
- ♠30cm ◆北海道をのぞく日本各地
- ♣内湾や河口域
- ♥動物食 ★うきぶくろで音を出します。食用。

ギンユゴイ ユゴイ科
- ♠20cm ◆南日本・琉球列島
- ♣沿岸の岩礁域
- ♥動物食（プランクトン食）
- ★尾びれのしま模様が特徴です。幼魚はタイドプールで見られます。

からだは銀色 / ななめのしま模様

♠大きさ（体長）◆分布 ♣すみか ♥食性 ★特徴など

イシダイ・メジナなどのなかま　スズキ目・スズキ亜目

イシダイ科とメジナ科は、成長すると大型になり、釣りの対象として人気があります。

イシガキダイ　イシダイ科
♠80cm　◆日本各地　♣沿岸の岩礁域　♥動物食
★老成したおすは、口の周りが白くなり、「クチジロ」とも呼ばれます。食用。

幼魚

黒い斑点

おすの成魚は口の周りが白い

おすの成魚は口の周りが黒い

幼魚

黒いしま模様

イシダイ
イシダイ科
♠80cm　◆日本各地
♣沿岸の岩礁域　♥動物食
★老成したおすは、口の周りが黒くなり、「クチグロ」とも呼ばれます。食用。

イシガキイシダイ
イシガキダイとイシダイの間に生まれた個体をイシガキイシダイとよびます。イシガキイシダイは、繁殖することができません。

🫘ちしき　イシダイは強いあごと歯で、かたいからの貝もかみくだいて食べます。

149

スズキのなかま

カゴカキダイ
カゴカキダイ科
♠20cm ◆北海道をのぞく日本各地 ♣沿岸の岩礁域 ♥動物食
★幼魚はタイドプールで見られます。食用。

黒と黄色のしま模様
口はつき出る

細かな黄色いしま

イスズミ
イスズミ科
♠50cm ◆北海道をのぞく日本各地 ♣沿岸の岩礁域 ♥雑食 ★幼魚は流れ藻につきます。食用。

ふちが黒い

クロメジナ　メジナ科
♠60cm ◆南日本・琉球列島 ♣沿岸の岩礁域 ♥雑食 ★えらぶたのふちが黒いことが特徴です。食用。

メジナ
メジナ科
♠40cm ◆南日本 ♣沿岸の岩礁域 ♥雑食 ★幼魚はタイドプールで見られます。食用。

各うろこに黒い点

イボダイなどのなかま　スズキ目・イボダイ亜目

イボダイ科の幼魚は、クラゲの下や流れ藻につきます。

マナガツオ
マナガツオ科
♠25cm ◆琉球列島をのぞく日本各地 ♣大陸棚の砂泥底 ♥動物食 ★体高が高く、成魚には腹びれがありません。食用。

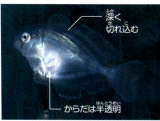

ハナビラウオ　エボシダイ科
♠47cm ◆琉球列島をのぞく日本各地 ♣外洋の表層〜底層 ♥動物食 ★幼魚はクラゲの触手の間にかくれます。

クラゲについて泳ぐ幼魚

イボダイの幼魚はエチゼンクラゲなどのクラゲについて泳ぎ、危険がせまるとクラゲの触手の間にかくれて身を守ります。

イボダイ　イボダイ科
♠17cm ◆南日本 ♣水深100m以深の海底 ♥動物食 ★幼魚はクラゲにつきます。別名「エボダイ」。食用。

メダイ
イボダイ科
♠70cm ◆日本各地 ♣水深100m以深の底層 ♥動物食 ★幼魚は表層にいますが、成長すると深いところに移動します。食用。

豆ちしき　大西洋には、イボダイによく似た、バターフィッシュと呼ばれる魚がいます。

151

ベラのなかま　スズキ目・ベラ亜目

ベラ科は多くの種が、成長にともなって、めすからおすに性転換します。
おすとめす、幼魚と成魚で、からだの色や模様がちがいます。

シチセンベラ ベラ科
- ♠30cm ◆琉球列島
- ♣岩礁やサンゴ礁域
- ♥動物食 ★7〜8本の
赤いしまがあります。

赤いしま模様

ななめの黒い帯

イラ ベラ科
- ♠40cm ◆南日本・琉球列島 ♣沿岸のやや深い岩礁域 ♥動物食
- ★成長すると、ひたいが張り出します。

おすは成長にともない、こぶが出てくる

コブダイ
ベラ科
- ♠1m ◆琉球列島をのぞく日本各地 ♣岩礁域
- ♥動物食 ★おすは成長すると、ひたいと下あごがつき出てきます。

白い帯
幼魚

ヤマブキベラ
ベラ科
- ♠20cm ◆南日本・琉球列島 ♣浅い岩礁やサンゴ礁域 ♥動物食
- ★めすは全身が山吹色（黄色）です。

胸びれに青い模様

♠大きさ(体長)　◆分布　♣すみか　♥食性　★特徴など

キツネダイ ベラ科

- ♠35cm ◆南日本・琉球列島 ♣水深30m前後の岩礁やサンゴ礁域 ♥動物食 ★赤い大きな斑点は、老成すると薄くなります。食用。

黒い斑点

口はつき出る

赤い網目模様

ニシキベラ ベラ科

- ♠15cm ◆南日本・琉球列島 ♣沿岸の岩礁やサンゴ礁域 ♥動物食 ★南日本の温帯域で多く見られます。

黒い斑

キツネベラ

ベラ科

- ♠55cm ◆南日本・琉球列島 ♣やや浅い岩礁やサンゴ礁域 ♥動物食 ★黒い斑は、老成すると薄くなります。食用。

目の下を通るすじは胸びれまで

背中に白い斑点はない

アカササノハベラ ベラ科

- ♠20cm ◆南日本・琉球列島 ♣沿岸の岩場や藻場 ♥動物食
- ★ホシササノハベラに似ていますが、目の下を通るすじの向きと、背中の白い斑点の有無で、区別できます。食用。

ホシササノハベラ ベラ科

- ♠15cm ◆南日本 ♣沿岸の岩場や藻場 ♥動物食
- ★アカササノハベラよりもやや浅い場所で見られ、外洋よりも内湾を好みます。食用。

目の下を通るすじは胸びれまでは通らない

白い斑点

豆ちしき 成長したコブダイのおすの、大きくつき出たこぶの中身は脂肪です。

ホンソメワケベラ ベラ科

- ♠10cm ◆南日本・琉球列島
- ♣沿岸の岩礁やサンゴ礁域
- ♥動物食 ★ほかの魚をクリーニングします。幼魚のときは黒いからだをしています。

クギベラ

ベラ科
- ♠20cm ◆南日本・琉球列島 ♣岩礁やサンゴ礁域 ♥動物食 ★成長にともない、口がつき出てきます。

キュウセン

ベラ科
- ♠30cm ◆琉球列島をのぞく日本各地
- ♣内湾の岩礁域や砂地 ♥動物食
- ★成長にともない体色が変わり、「アカベラ」や「アオベラ」と呼ばれます。食用。

タコベラ ベラ科

- ♠12cm ◆南日本・琉球列島 ♣浅い岩礁やサンゴ礁域の藻場 ♥動物食
- ★糸状にのびる尾びれが特徴です。

イトヒキベラ ベラ科

- ♠9cm ◆南日本・琉球列島 ♣岩礁やサンゴ礁域 ♥動物食 ★おすは成長すると、腹びれが長くのびます。

ツユベラ ベラ科
- ♠35cm ◆南日本・琉球列島 ♣浅海の岩礁やサンゴ礁域 ♥動物食
- ★シガテラ毒をもつものがいます。

のびる / 黄色 / 幼魚

カンムリベラ
ベラ科
- ♠1m ◆南日本・琉球列島
- ♣沿岸の岩礁やサンゴ礁域 ♥動物食
- ★幼魚と成魚は模様がちがい、成長にともないおすはひたいがつき出てきます。

おすはひたいがつき出てくる / 先がくしのよう / 幼魚

AR

ギチベラ
ベラ科
- ♠35cm ◆南日本・琉球列島
- ♣岩礁やサンゴ礁域 ♥動物食
- ★口を長くつき出すことができます。シガテラ毒をもつものがいます。

つき出せる口 / 長くのびる / おすは先がのびる

オハグロベラ ベラ科
- ♠17cm ◆北海道と琉球列島をのぞく日本各地 ♣沿岸の岩場や藻場
- ♥動物食 ★夜は、岩場や海藻の根元で眠ります。

豆ちしき クギベラは、サンゴのすき間に細長い口を差しこんで小動物を食べます。

155

スズキのなかま

クジャクベラ ベラ科
- ♠8cm ◆南日本・琉球列島
- ♣浅海の岩礁域 ♥動物食
- ★おすは背びれの一部が長く、美しい婚姻色を見せます。

カミナリベラ ベラ科
- ♠12cm ◆南日本・琉球列島
- ♣沿岸の岩礁やサンゴ礁域 ♥動物食
- ★成長にともないめすからおすへ性転換し、体色も変わります。

黒い点

緑色のすじ　長めの黒い斑点

ホンベラ ベラ科
- ♠15cm ◆南日本
- ♣内湾の海藻が生える岩礁域
- ♥動物食
- ★成長にともない性転換します。

からだの後ろは黒い

タレクチベラ
ベラ科
- ♠80cm ◆南日本・琉球列島 ♣岩礁やサンゴ礁域
- ♥動物食 ★老成すると、全身が緑がかってきます。

からだの前は白い

メガネモチノウオ
ベラ科
- ♠1.5m ◆琉球列島
- ♣岩礁やサンゴ礁域
- ♥動物食
- ★ベラのなかまでは最大で、「ナポレオンフィッシュ」とも呼ばれます。食用。

♠大きさ(体長) ◆分布 ♣すみか ♥食性 ★特徴など

オトメベラ
ベラ科
♠18cm
◆南日本・琉球列島
♣沿岸の岩礁やサンゴ礁域 ♥動物食
★おすは青い胸びれの中央が赤紫色です。

赤い模様

赤い帯

白い帯

スジベラ
ベラ科
♠20cm ◆南日本・琉球列島
♣水深10m以浅の岩礁やサンゴ礁域
♥動物食 ★からだに白い横帯があります。

白い点

ホクトベラ ベラ科
♠20cm ◆南日本・琉球列島
♣岩礁やサンゴ礁域
♥動物食 ★おすとめす、
幼魚と成魚で模様がちがいます。

のびる

テンス ベラ科
♠22cm ◆南日本・琉球列島
♣浅海の砂泥底 ♥動物食
★背びれの前部がのびているのが特徴です。食用。

たくさんの白い斑点　白と黒の帯

オビテンスモドキ
ベラ科
♠25cm ◆南日本・琉球列島
♣内湾のサンゴ礁域の藻場
♥動物食 ★成長にともない体色や模様が変わります。

豆ちしき　メガネモチノウオは、目を通る黒い帯をメガネにたとえて、この名がつきました。

157

ブダイのなかま　スズキ目・ベラ亜目

ブダイ科はベラ科と同じように、めすからおすに性転換します。
おすとめす、幼魚と成魚でからだの色や模様がちがう種が多くいます。

うろこに模様
からだは厚い

イロブダイ　ブダイ科
♠60cm　◆南日本・琉球列島　♣サンゴ礁域
♥雑食　★めすの体色は赤みを帯びています。食用。

幼魚

♀　おすは出てくる　♂

アオブダイ　ブダイ科
♠65cm　◆南日本　♣岩礁域
♥雑食　★夜は口から出した粘液の
中で寝ます。パリトキシン毒をもつことが
あります。☣

ナンヨウブダイ
ブダイ科
♠70cm　◆南日本・
琉球列島　♣サンゴ礁域
♥雑食　★幼魚は黒地に白い
縦じまが4本あります。食用。

2本のしま
からだは厚い

オオモンハゲブダイ
ブダイ科
♠30cm　◆琉球列島
♣岩礁やサンゴ礁域　♥雑食
★夜は口から出した粘液の
中で眠ります。食用。

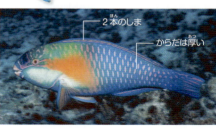

ばらばらに生えたたくさんの歯

ブダイの口には、小さな歯が何層にもばらばらに生えています。歯が折れたり欠けたりしても、次の歯がせり上がってきます。

複雑な赤い模様

ブダイ ブダイ科
- ♠ 40cm
- ◆ 南日本
- ♣ 水深10m以浅の岩礁域や藻場
- ♥ 雑食
- ★ 体色がよく変化します。食用。

発見!

魚の眠り方

多くの魚は、夜になると眠ります。泳ぎながら眠る魚や、眠っている間に敵におそわれないように工夫して眠る魚がいます。

ナンヨウブダイ
えらから出した粘液で透明な膜をつくって、その中で眠ります。膜でにおいをかくすことで、敵に見つかりにくくなると考えられています。

クロマグロ
泳ぐことで口から入る海水を利用して呼吸をしているため、泳ぎをやめると死んでしまいます。眠るときは、速度を落として、ゆっくり泳ぎながら眠ります。

アミメハギ
眠っている間に海流で流されないように、海藻などをくわえて眠ります。

キュウセン
砂にもぐって、顔だけ外に出して眠ります。

豆ちしき　ブダイのなかまは、英語でパロットフィッシュ（パロットは鳥のオウム）といいます。

159

アイナメ・カジカなどのなかま

スズキ目・カジカ亜目

アイナメ科は、ふつう5本の側線があり、おすが卵を守ります。
カジカ科は、水底で生活し、発達した胸びれですばやく移動します。

深くくぼむ
側線が5本
まるい

ウサギアイナメ
アイナメ科
- ♠60cm ◆北日本 ♣やや深い岩礁域 ♥動物食
- ★体色はさまざまです。食用。

黒い斑点　くぼむ

クジメ アイナメ科
- ♠30cm ◆琉球列島をのぞく日本各地
- ♣沿岸の藻場やその周辺 ♥動物食
- ★側線は1本しかありません。食用。

まるい

黒っぽい斑点　くぼむ　側線が5本

アイナメ
アイナメ科
- ♠50cm ◆琉球列島をのぞく日本各地
- ♣沿岸の岩礁域
- ♥動物食
- ★からだが脂っぽく、「アブラメ」とも呼ばれます。食用。

♠大きさ（体長）◆分布 ♣すみか ♥食性 ★特徴など

あごの下に模様

アサヒアナハゼ カジカ科
♠13cm ◆九州以北の日本各地 ♣沿岸の藻場 ♥動物食
★ホヤの体内に卵を産みつけます。

黒い斑点

アナハゼ
カジカ科
♠18cm ◆北日本
♣沿岸の岩礁や藻場
♥動物食 ★体色は
環境で変わります。

口が大きい

ギスカジカ
カジカ科
♠40cm ◆北日本 ♣沿岸の藻場 ♥動物食
★頭とからだの前部分が大きいです。秋から冬に産卵。
食用。

深くくぼむ

おすは腹びれがのび、
めすはのびない

ヨコスジカジカ
カジカ科
♠36cm ◆北日本 ♣沿岸の砂底
♥動物食 ★背側、側面、腹側に、ほぼ同じ大きさのうろこが帯状に並んでいます。

豆ちしき アナハゼのめすは産卵管をのばして、ホヤなどの体内に卵を産みます。

161

スズキのなかま

スイ カジカ科
- ♠12cm ◆南日本
- ♣浅海の藻場
- ♥動物食
- ★頭の前方がとがっています。

おすは背びれが長く、めすは短い

胸びれは大きく、しりびれに届く

イソバテング
ケムシカジカ科
- ♠20cm ◆北日本
- ♣沿岸の岩礁や藻場
- ♥動物食 ★体色は環境で変わります。

口ひげ

からだはなめらか　　背びれは2つ

尾びれに模様はない

ダンゴウオ ダンゴウオ科
- ♠2cm ◆北海道と琉球列島をのぞく日本各地
- ♣沿岸のタイドプールから水深20mくらいまでの岩礁域 ♥動物食
- ★腹びれが吸盤状になっています。

岩にくっつくダンゴウオ
泳ぎが苦手なので、吸盤状になった腹びれで、流されないよう海藻や岩などにくっつきます。

背びれは1つ

腹びれは吸盤状

ホテイウオ ダンゴウオ科
- ♠25cm ◆北日本 ♣水深1700m以浅の中層と海底 ♥動物食
- ★おすが卵を守ります。食用。

♠大きさ（体長）　◆分布　♣すみか　♥食性　★特徴など

ハタハタ ハタハタ科

- ♠15cm ◆北日本
- ♣水深400m以浅の砂泥底 ♥動物食
- ★11〜12月に浅瀬の藻場で産卵します。食用。

離れた2つの背びれ
長いしりびれの基底
大きな胸びれ

アツモリウオ トクビレ科

- ♠17cm ◆北日本
- ♣水深10〜100mの砂泥底や岩礁域 ♥動物食
- ★体色は赤、茶、黄色などさまざまに変化します。

AR

大きな第1背びれ
白と黒のふちどり
黒いすじ

クマガイウオ トクビレ科

- ♠16cm ◆北日本
- ♣水深10〜100mの砂泥底や岩礁域 ♥動物食
- ★上あごの先にひげが1本あります。

大きな第2背びれ
ふさになったひげ
大きなしりびれ
♂

トクビレ トクビレ科

- ♠35cm ◆北日本
- ♣水深300m以浅の砂泥底や岩礁域 ♥動物食
- ★からだの断面が八角形なので、「ハッカク」とも呼ばれます。食用。

ふさになったひげ

豆ちしき　ホテイウオは、体形が七福神の布袋に似ていることから、この名がつきました。

ゲンゲのなかま スズキ目・ゲンゲ亜目

多くは深海にすみ、背びれとしりびれが尾びれにつながっています。
腹びれがない種もいます。

側線は2本 / 背びれとしりびれは尾びれにつながる / えらあなは下まで

シロゲンゲ ゲンゲ科
♠60cm（全長） ◆北日本 ♣水深200〜1600mの海底 ♥動物食
★からだは細長く、頭ははば広です。

へりは白い

ギンポ ニシキギンポ科
左右のえらあなは下でつながる
♠30cm ◆琉球列島をのぞく日本各地 ♣潮間帯の磯や内湾の砂泥底、岩礁域
♥動物食 ★とても小さい腹びれが特徴です。食用。

ボウズギンポ
ボウズギンポ科
腹びれはない / 背びれとしりびれは尾びれと分かれている
♠75cm ◆北日本 水深800m以浅の海底 ♥動物食
★腹びれはなく、頭部に白くふちどられた大きなあなが散らばっています。

オオカミウオ オオカミウオ科
♠1m（全長） ◆北日本
♣水深50〜100mくらいの岩場の海底
♥動物食（貝類など） ★するどい歯で
貝がらをかみくだきます。

大きなきばがある

AR

腹びれはない

♠大きさ（体長） ◆分布 ♣すみか ♥食性 ★特徴など

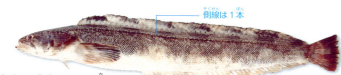

側線は1本

タウエガジ タウエガジ科
- ♠40cm ◆北日本 ♣水深500m以浅の海底 ♥動物食
- ★下あごが上あごよりも出ています。食用。

青い点　側線は網目状　腹びれ

ゴマギンポ タウエガジ科
- ♠25cm ◆北日本
- ♣海藻のしげった岩場
- ♥動物食 ★からだには小さなうろこがありますが、頭にはうろこがありません。

5個のまるい斑

ガジ タウエガジ科
- ♠23cm ◆北日本
- ♣沿岸の海藻が多い岩場
- ♥動物食 ★おすが卵を守ります。

腹びれはない

側線は網目状　腹びれはない　背びれとしりびれは尾びれにつながる

ダイナンギンポ
タウエガジ科
- ♠30cm ◆琉球列島をのぞく日本各地 ♣岩礁域の潮間帯
- ♥動物食 ★環境によって体色が変わります。

うろこは小さい　頭に2列の飾り

フサギンポ タウエガジ科
- ♠50cm ◆北日本
- ♣沿岸の海藻が多い岩場や内湾
- ♥動物食 ★頭部にふさのような突起があります。

豆ちしき シロゲンゲは、からだがこんにゃくのようにやわらかい魚です。

トラギスなどのなかま　スズキ目・ワニギス亜目

多くが海底でくらし、砂にもぐる種もいます。

イカナゴ　イカナゴ科
- ♠25cm ◆琉球列島をのぞく日本各地 ♣沿岸の砂礫底
- ♥動物食（プランクトン食）
- ★水温が高い夏は砂にもぐって夏眠します。食用。

からだはほぼ円筒形

腹びれはない

尾びれの上が白い

白い点線模様

しま模様

黒い斑点

トラギス　トラギス科
- ♠18cm ◆南日本 ♣浅海の砂礫底
- ♥動物食 ★からだの中央にある白の点線模様が特徴です。食用。

オキトラギス　トラギス科
- ♠17cm ◆南日本 ♣大陸棚の砂泥底
- ♥動物食 ★目の後ろに黄色の横帯が2本あります。食用。

カモハラトラギス　トラギス科
- ♠20cm ◆南日本
- ♣浅海の岩礁域や周辺の砂底 ♥動物食 ★ほおに6〜8本の黒いすじがあります。

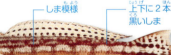

しま模様

上下に2本黒いしま

黒い模様

黒い模様

クラカケトラギス　トラギス科
- ♠20cm ◆南日本 ♣大陸棚の砂泥底
- ♥動物食 ★黒い模様が乗馬の鞍に見えるので、この名がつけられました。食用。

♠大きさ（体長） ◆分布 ♣すみか ♥食性 ★特徴など

黒くてまるい模様

オグロトラギス トラギス科
♠20cm ◆南日本・琉球列島 ♣サンゴ礁周辺の浅い砂底 ♥動物食
★尾びれの黒い模様は、泳ぐと一段と目立ちます。

コウライトラギス

トラギス科
♠12cm ◆南日本・琉球列島
♣沿岸沖合の砂礫底
♥動物食 ★めすからおすへ
性転換します。

黒い斑点
上下に2個の黒い斑点

目と口が上を向く　強いとげ　背びれは2つ

ミシマオコゼ

ミシマオコゼ科
♠30cm ◆南日本
♣大陸棚の砂泥底 ♥動物食
★昼は砂にもぐって目だけ
出し、夜に活動します。

目と口が上を向く　強いとげ　背びれは2つ

ヤギミシマ ミシマオコゼ科
♠25cm ◆南日本
♣水深400m以浅の砂泥底 ♥動物食
★下あごにある突起物をゆらして
小魚などを誘い、とらえます。

ベラギンポ ベラギンポ科
♠20cm ◆南日本・琉球列島
♣浅海の砂地 ♥動物食
★おすの背びれは一部がのびます。

豆ちしき　トラギスは、体形がキスに似ていてしま模様があることから、この名がつきました。

ギンポのなかま　スズキ目・ギンポ亜目

からだは、ふつう細長く、前のほうが太くなっています。

ヒメギンポ
ヘビギンポ科
- ♠5cm ◆本州・九州
- ♣沿岸の岩礁域 ♥雑食
- ★産卵期のおすは、頭が黒く、からだはオレンジ色です。

背びれは3つに分かれる

背びれは3つに分かれる

ヘビギンポ ヘビギンポ科
- ♠5cm ◆南日本・琉球列島
- ♣沿岸の岩礁域やタイドプール ♥雑食 ★産卵期のおすは、全身が真っ黒で、白い横帯があらわれます。

タテジマヘビギンポ
ヘビギンポ科
- ♠4cm ◆南日本・琉球列島
- ♣沿岸の岩礁域やサンゴ礁域
- ♥雑食 ★赤いからだに、白の縦じまが3本あります。

背びれは1つ　深く切れ込む

カエルウオ　イソギンポ科
- ♠12cm ◆南日本 ♣沿岸の岩礁域 ♥植物食
- ★ひれを使い、水の外をカエルのようにはねます。

♠大きさ(体長) ◆分布 ♣すみか ♥食性 ★特徴など

口は下を向く　　　黒い帯は後ろがせまくなる

テンクロスジギンポ イソギンポ科
♠10cm ◆南日本・琉球列島 ♣浅海のサンゴ礁や岩礁域 ♥動物食（魚のひれやうろこなど） ★ほかの魚のうろこやひれをかじりとって食べます。

オウゴンニジギンポ
イソギンポ科
♠6cm ◆南日本・琉球列島
♣岩礁やサンゴ礁域
♥雑食 ★からだは前が青みがかった水色で、後ろが黄色です。

目を横切る黒い帯　　　背びれは1つ

ふさ　　　背びれは1つ

イソギンポ
イソギンポ科
♠6cm ◆南日本・琉球列島
♣岩礁域 ♥雑食
★環境によって体色が変わります。

タテガミギンポ
イソギンポ科
♠7cm ◆南日本
♣岩礁域やタイドプール ♥植物食
★頭の糸のようなふさが名前の由来です。

糸のようなふさ　　　背びれは1つ

口は下を向く

ミナミギンポ イソギンポ科　AR
♠12cm ◆南日本・琉球列島
♣浅海のサンゴ礁や岩礁域
♥動物食（魚のひれやうろこなど）
★体色の変化がはげしい魚です。

豆ちしき　ヘビギンポのおすはひれをふるわせて、めすの周りを動き回って求愛します。

スズキのなかま

しま模様 　背びれは1つ

ニジギンポ
イソギンポ科
- ♠11cm ◆日本各地 ♣沿岸の岩礁域や内湾の藻場 ♥雑食
- ★下あごにするどい歯をもち、つかむとかみつきます。

白い帯 　網目模様

カモハラギンポ
イソギンポ科
- ♠10cm ◆南日本・琉球列島 ♣沿岸の岩礁域 ♥雑食 ★活発に泳ぎます。

口は下を向く 　黒い帯は後ろが広くなる

ニセクロスジギンポ　イソギンポ科
- ♠12cm ◆南日本・琉球列島 ♣岩礁やサンゴ礁域
- ♥動物食（魚のひれやうろこなど） ★ホンソメワケベラに似ていますが、口は下を向いています。

ホンソメワケベラのふりをする魚
ニセクロスジギンポは、ほかの魚の寄生虫をとるホンソメワケベラ（154ページ）に擬態しています。クリーニングを待つ魚に近づいて、うろこや皮ふを食いちぎります。

ニセクロスジギンポ／ホンソメワケベラ

ふさ　深く切れ込む　背びれは1つ　からだにたくさんの白い点

タマギンポ
イソギンポ科
- ♠8cm ◆南日本・琉球列島 ♣波の荒い岩礁域
- ♥植物食 ★幼魚のからだには、成魚よりも多くの白い点が散らばっています。

♠大きさ（体長）◆分布 ♣すみか ♥食性 ★特徴など ✿危険魚

ナベカ イソギンポ科
- ♠6cm ◆琉球列島をのぞく日本各地
- ♣沿岸の岩礁域 ♥雑食
- ★オオヘビガイのからなどにすみます。

背びれは1つ / 黄色 / 黒いしま模様

ウナギギンポ イソギンポ科
♠55cm ◆日本各地 ♣内湾の砂泥底 ♥動物食 ★ウナギのように細長いからだをしています。

ふさ / 背びれは1つ

コケギンポ
コケギンポ科
- ♠8cm ◆南日本
- ♣干潮線付近の石の間
- ♥動物食 ★巣あなに入って、顔だけをよく出しています。

ウバウオ・ネズッポなどのなかま
スズキ目・ウバウオ亜目／ネズッポ亜目

ウバウオ科もネズッポ科も、からだにうろこがなく、粘液でおおわれています。
ウバウオ科は、腹びれが吸盤状に変形しています。

ウバウオ ウバウオ科
- ♠5cm ◆南日本
- ♣浅海の岩礁域 ♥動物食
- ★吸盤状の腹びれで海藻や岩などにくっつきます。

背びれと尾びれは離れる

白いすじ / 長くのびる

ハシナガウバウオ
ウバウオ科
- ♠6cm ◆南日本・琉球列島
- ♣浅海の岩礁域 ♥動物食
- ★危険を感じると、ウニのなかまのガンガゼのとげの間にかくれます。皮ふに毒があります。✿

豆ちしき ナベカのめすは、オオヘビガイの空きがらや、小さな岩あなに卵を産みます。

スズキのなかま

ミサキウバウオ
ウバウオ科
♠6cm ♦南日本・琉球列島 ♣浅海の岩礁やサンゴ礁域 ♥動物食 ★吸盤状の腹びれで、海藻や岩などにくっつきます。✿

背びれと尾びれはつながる

長くのびる

ヤマドリ ネズッポ科
♠5cm ♦琉球列島をのぞく日本各地 ♣岩礁の中の砂底 ♥動物食 ★鳥のヤマドリの模様に似ていることから、この名がつきました。

トビヌメリ
ネズッポ科
♠16cm ♦琉球列島をのぞく日本各地 ♣内湾の砂泥底 ♥動物食 ★おすは背びれの一部が、糸状にのびます。食用。

下は黒い

ネズミゴチ
ネズッポ科
♠17cm ♦琉球列島をのぞく日本各地 ♣水深20mくらいまでの砂泥底 ♥動物食 ★「コチ」と呼ばれ、天ぷらの材料になります。食用。

大きくて長い

下は黒い

黒い斑　　大きくてとても長い

ヨメゴチ ネズッポ科
♠22cm ♦南日本 ♣沿岸の水深200m以浅の砂泥底 ♥動物食 ★「コチ」と呼ばれ、天ぷらの材料になります。食用。

からだはほぼ円筒形

ニシキテグリ ネズッポ科
♠4cm ♦琉球列島 ♣サンゴ礁域 ♥動物食 ★「マンダリンフィッシュ」とも呼ばれます。

♠大きさ(体長) ♦分布 ♣すみか ♥食性 ★特徴など ✿危険魚 ❌絶滅危惧種

ハゼのなかま スズキ目・ハゼ亜目

多くが水底で生活し、体内にうきぶくろをもちません。
腹びれが吸盤状に変形している種が多くいます。

ミナミトビハゼ ハゼ科
- ♠8cm ◆琉球列島
- ♣河口域やマングローブ域
- ♥動物食 ★陸上で活発に活動します。

目が飛び出ている

目が飛び出ている

トビハゼ ハゼ科
- ♠8cm ◆南日本・琉球列島 ♣内湾の河口の干潟
- ♥動物食 ★胸びれと尾びれで干潟をはねます。

陸上を歩く魚!?
トビハゼやムツゴロウなどの干潟にすむ魚は、えら呼吸だけでなく、皮ふ呼吸も行います。そのため、陸の上でも呼吸をして活動できます。

大きくて長い
腹びれは吸盤状

ムツゴロウ ハゼ科 🟥
- ♠16cm ◆九州の有明海・八代海 ♣干潟 ♥植物食
- ★干潟の泥の上をはい回り、干潟が水につかると巣あなに入ります。食用。

ジャンプするムツゴロウ
干潟にすむムツゴロウは、ジャンプをすることもあります。

背びれは１つ
腹びれは吸盤状
からだは細長い

ワラスボ ハゼ科 🟥
- ♠30cm ◆九州の有明海・八代海 ♣河口や内湾の軟泥底 ♥雑食
- ★目は退化して小さく、皮ふの下にかくれています。食用。

豆ちしき ムツゴロウのおすのジャンプは、めすの気をひくための求愛行動です。

173

スズキのなかま

アカハチハゼ ハゼ科
- ♠13cm ♦南日本・琉球列島 ♣内湾の湾口やサンゴ礁域の砂底 ♥動物食
- ★えものを砂ごとほおばり、砂だけをえらからはき出します。

黄色 / 糸のようにのびる / 腹びれは左右に分かれている

チャガラ ハゼ科
- ♠8cm ♦北海道と琉球列島をのぞく日本各地 ♣藻場や岩礁域 ♥動物食（プランクトン食）
- ★海藻の周りに群れをつくり、中層にいます。

薄い色のしま

シノビハゼ ハゼ科
- ♠5cm ♦琉球列島 ♣内湾やサンゴ礁域の砂底 ♥動物食
- ★テッポウエビのなかまと共生します。

ハゼのなかまの腹びれ
ハゼのなかまの多くは、腹びれが吸盤のようになっていて、岩などを登ることができます。

腹びれ

ミミズハゼ ハゼ科
- ♠6cm ♦琉球列島をのぞく日本各地 ♣河川の中流から河口域の石の下 ♥動物食 ★形や色、動きがミミズに似ています。

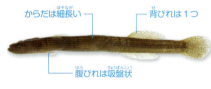
からだは細長い / 背びれは1つ / 腹びれは吸盤状

マハゼ ハゼ科
- ♠20cm ♦琉球列島をのぞく日本各地 ♣内湾の砂泥底 ♥動物食
- ★おすが迷路のようなあなを掘り、めすが産卵します。食用。

黒い点が並ぶ / 上のくちびるが厚い

♠大きさ（体長） ♦分布 ♣すみか ♥食性 ★特徴など

赤いしま模様

腹びれは左右は分かれている

ダテハゼ ハゼ科
- ♠9cm ◆南日本
- ♣内湾の砂底 ♥動物食
- ★テッポウエビのなかまと共生します。

黒い横じま

キヌバリ ハゼ科
- ♠10cm ◆琉球列島をのぞく日本各地
- ♣沿岸の岩場や藻場 ♥動物食 ★黒の横じまは、太平洋側のものは6本、日本海側のものは7本です。

黒い斑点

サラサハゼ ハゼ科
- ♠10cm ◆南日本・琉球列島 ♣サンゴ礁域の砂底 ♥動物食
- ★危険を感じるとあなにかくれます。

サビハゼ ハゼ科
- ♠12cm ◆北海道と琉球列島をのぞく日本各地
- ♣浅海の砂泥底 ♥雑食 ★あごにひげがあります。

目は上を向く

小さなひげ

へりは黄色　青い小さな点

クモハゼ ハゼ科
- ♠8cm ◆南日本・琉球列島
- ♣岩礁域の沿岸 ♥動物食
- ★おすが卵を守ります。

白い点

ドロメ ハゼ科
- ♠15cm ◆琉球列島をのぞく日本各地
- ♣磯の岩の間やタイドプール ♥雑食 ★尾びれのへりが白くふちどられています。

豆ちしき　ハゼのなかまの顔の周りには、味を感じる小さなあながあります。

175

スズキのなかま

ギンガハゼ ハゼ科
- ♠5cm ◆琉球列島
- ♣内湾の砂底 ♥動物食
- ★テッポウエビのなかまと共生します。からだに黒い模様があるものもいます。

テッポウエビのなかま

青い小さな点

全身が黄色

キイロサンゴハゼ ハゼ科
- ♠3cm ◆南日本・琉球列島
- ♣サンゴ礁のサンゴの枝の間 ♥動物食
- ★枝サンゴの間にすみますが、サンゴの上にもよく出てきます。

いくつかの色のしま模様

ニシキハゼ ハゼ科
- ♠20cm ◆南日本 ♣水深10〜15mの岩礁域 ♥動物食 ★幼魚は海底を離れ、中層で群れをつくります。

黒の斑

黒いななめのしま模様

黒い点

腹びれは左右に分かれている

ネジリンボウ ハゼ科
- ♠5cm ◆南日本・琉球列島 ♣砂底
- ♥動物食 ★テッポウエビのなかまと共生します。

イソハゼ ハゼ科
- ♠3cm ◆北海道をのぞく日本各地
- ♣岩礁やサンゴ礁域 ♥動物食
- ★小型のハゼです。

アゴハゼ ハゼ科
- ♠7cm ◆琉球列島をのぞく日本各地 ♣沿岸の岩礁域やタイドプール ♥雑食
- ★ドロメに似ていますが、尾びれのへりが白くふちどられていません。

黒い小さな点

♠大きさ(体長) ◆分布 ♣すみか ♥食性 ★特徴など

上下のへりが黒い
腹びれは左右に分かれている

幼魚

クロユリハゼ クロユリハゼ科
- ♠8cm ◆南日本・琉球列島
- ♣内湾やサンゴ礁の砂地
- ♥動物食（プランクトン食）
- ★斜面やサンゴの上をおよぎ、危険を感じると、岩あなに逃げこみます。

ハタタテハゼ
クロユリハゼ科
- ♠6cm ◆南日本・琉球列島
- ♣サンゴ礁域の砂底
- ♥動物食（プランクトン食）★背びれの前が長くのびています。

ゼブラハゼ
クロユリハゼ科
- ♠8cm ◆南日本・琉球列島
- ♣サンゴ礁域の砂底 ♥動物食（プランクトン食）★からだにしま模様があります。

アケボノハゼ クロユリハゼ科
- ♠6cm ◆南日本・琉球列島
- ♣サンゴ礁域の砂底
- ♥動物食（プランクトン食）
- ★危険を感じると、巣あなに逃げこみます。ハタタテハゼに似ています。

豆ちしき ハタタテハゼは、旗を立てたようなぴんとした背びれから、この名がつきました。

スズキのなかま

ハナハゼ
クロユリハゼ科
- ♠12cm
- ◆南日本
- ♣沿岸の岩礁域の砂底
- ♥動物食(プランクトン食)
- ★危険を感じると、ダテハゼとテッポウエビのなかまが共生するあなへ逃げ込みます。

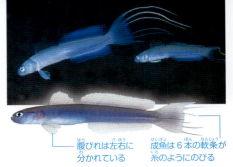

腹びれは左右に分かれている

成魚は6本の軟条が糸のようにのびる

共生する魚

種のちがう複数の生き物が、お互いに関係をもちつつ、同じところで生活していることを「共生」といいます。ここでは、お互いに利益を得ている「相利共生」の例を紹介します。

ダテハゼとコシジロテッポウエビ
ダテハゼ(右)は、コシジロテッポウエビ(左)がつくった巣あなをかりてすみかにします。ダテハゼは、視力の弱いテッポウエビにかわって巣あなの見張りをし、敵が近づくと、からだをふるわせて知らせます。

ホンソメワケベラとクエ
ホンソメワケベラは、クエの口の中や、からだの表面についた寄生虫などを食べてそうじします。ホンソメワケベラは食べものを得られ、クエはからだの寄生虫を取ってもらえます。

ジンベエザメとコバンザメ
ジンベエザメのからだについたコバンザメは、自分でおよがずに移動できます。しかし、ただついているだけでなく、ジンベエザメのからだについた寄生虫を見つけると、上あごではがし取って食べます。

♠大きさ(体長) ◆分布 ♣すみか ♥食性 ★特徴など ☀危険魚

アイゴ・ニザダイなどのなかま

スズキ目・ニザダイ亜目

からだは薄く、体高が高いのが特徴です。
毒のあるとげや、するどいとげをもつ種もいます。

夜のヒフキアイゴ
夜になると、からだがこげ茶色のまだら模様になります。

つき出る　黒い斑

ヒフキアイゴ アイゴ科
♠18cm ◆小笠原諸島・琉球列島
♣サンゴ礁域 ♥雑食 ★夜になると、体色を変えます。✿

深くくぼむ　白い点

アイゴ アイゴ科
♠25cm ◆北海道をのぞく日本各地
♣浅海の岩礁やサンゴ礁域 ♥雑食
★環境に合わせて、体色を変えます。食用。✿

青い斑点が散らばる　くぼむ

サンゴアイゴ アイゴ科
♠23cm ◆小笠原諸島・琉球列島
♣サンゴ礁域 ♥植物食
★幼魚はサンゴの枝の間で、小さな群れをつくります。✿

黄色い斑点が散らばる　少しくぼむ

ゴマアイゴ アイゴ科
♠33cm ◆南日本・琉球列島
♣浅海の岩礁やサンゴ礁域 ♥雑食
★群れをつくります。食用。✿

ツノダシ ツノダシ科
♠25cm ◆南日本・琉球列島
♣沿岸の岩礁やサンゴ礁域
♥雑食 ★ハタタテダイのなかまに似ていますが、尾びれが黒いです。

1対の角　長くのびる

🫘豆ちしき　アイゴ科は、ひれのとげに毒があります。

スズキのなかま

幼魚
へりが赤い

アカククリ
マンジュウダイ科
♠35cm ◆南日本・琉球列島 ♣水深10〜30mのサンゴ礁域 ♥雑食 ★幼魚のからだが赤くふちどられているのが、名前の由来です。

黒っぽい帯

腹びれが黒くて長い

ツバメウオ マンジュウダイ科
♠60cm ◆日本各地 ♣浅海の中層 ♥雑食
★成魚は大きな群れをつくります。

ミカヅキツバメウオ
マンジュウダイ科
♠25cm ◆南日本・琉球列島
♣浅海のサンゴ礁域 ♥雑食
★幼魚は枯れ葉に擬態します。

全身が黄色

キイロハギ ニザダイ科
♠15cm ◆南日本・琉球列島
♣岩礁やサンゴ礁域 ♥雑食
★口は小さく、先がとがります。
鑑賞魚にされます。☀

ニザダイ ニザダイ科
♠40cm ◆南日本・琉球列島
♣沿岸の岩礁域 ♥雑食
★幼魚の尾びれは白いです。☀

♠大きさ(体長) ◆分布 ♣すみか ♥食性 ★特徴など ☀危険魚

ヒレナガハギ ニザダイ科

♠20cm ◆南日本・琉球列島
♣岩礁やサンゴ礁域 ♥雑食
★大きい背びれとしりびれが特徴です。✤

白いしま

テングハギ
ニザダイ科

♠50cm ◆北海道を
のぞく日本各地
♣岩礁やサンゴ礁域
♥植物食 ★成長にとも
ないひたいに角が出ます。✤

角

とげ

へりが白い

ミヤコテングハギ ニザダイ科

♠30cm ◆南日本・琉球列島 ♣沿岸の岩礁や
サンゴ礁域 ♥植物食 ★成長するにつれて、
尾びれの上下が糸状にのびます。✤

ゴマハギ ニザダイ科

♠15cm ◆南日本・琉球列島
♣岩礁やサンゴ礁域 ♥雑食
★体形はキイロハギに似てい
ますが、体色がちがいます。✤

サザナミトサカハギ
ニザダイ科

♠65cm ◆南日本・
琉球列島 ♣岩礁
やサンゴ礁域
♥動物食
（プランクトン食）
★おすはよく体色を
変化させます。✤

糸のようにのびる

豆ちしき ニザダイ科は、尾びれの付け根にするどいとげがあります。

181

スズキのなかま

テングハギモドキ
ニザダイ科
- ♠60cm ◆南日本・琉球列島
- ♣沿岸の岩礁やサンゴ礁域 ♥動物食（プランクトン食）
- ★大きな群れをつくります。食用。☀

からだに目立つ模様や斑点はない

ナンヨウハギ ニザダイ科
- ♠25cm ◆南日本・琉球列島
- ♣岩礁やサンゴ礁域 ♥雑食
- ★夜やおどろいたときにサンゴの間にかくれます。☀

青地に黒の模様
黄色

黒いしま

シマハギ ニザダイ科
- ♠20cm ◆南日本・琉球列島
- ♣沿岸の岩礁やサンゴ礁域 ♥植物食
- ★成魚は大きな群れをつくります。☀

オレンジ色の模様

モンツキハギ ニザダイ科
- ♠23cm ◆南日本・琉球列島
- ♣岩礁やサンゴ礁域 ♥植物食
- ★幼魚は全身が黄色です。☀

のびる

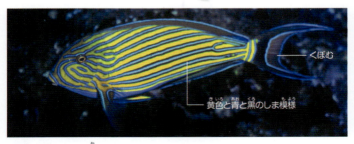
くぼむ
黄色と青と黒のしま模様

ニジハギ ニザダイ科
- ♠30cm ◆南日本・琉球列島 ♣浅い岩礁やサンゴ礁域 ♥植物食
- ★成魚は、流れの荒い場所にいることが多いです。☀

182　♠大きさ(体長) ◆分布 ♣すみか ♥食性 ★特徴など ☀危険魚

カジキのなかま　スズキ目・カジキ亜目

大型で、長くのびた上あご（吻）をふりまわして小魚などをとらえます。
吻が船にささるなど、危険な魚としても知られています。

マカジキ　マカジキ科
- ♠3.8m（全長）　◆日本各地　♣外洋の表層　♥動物食
- ★水色のしま模様が特徴です。細い腹びれがあります。食用。❀

長く、強くつるぎのよう
出っ張りは2つ
しま模様

バショウカジキ　マカジキ科
- ♠3.3m（全長）　◆日本各地
- ♣外洋の表層　♥動物食
- ★魚でいちばん速く泳ぎます。食用。❀

高い背びれ
泳ぐときは大きな背びれをたたむ
長く、強くつるぎのよう
細くて長い腹びれ

メカジキ　マカジキ科
- ♠4.5m（全長）　◆日本各地
- ♣外洋を回遊　♥動物食
- ★尾びれの付け根にある出っ張りの数は1つです。食用。❀

長く、強くつるぎのよう
出っ張りは1つ
腹びれはない

クロカジキ　マカジキ科
- ♠4.5m（全長）　◆北海道をのぞく日本各地　♣外洋の表層　♥動物食
- ★死ぬと体色が黒くなることから、この名がつけられました。食用。❀

しま模様
出っ張りは2つ
長く、強くつるぎのよう
細い腹びれ

183

カマス・タチウオなどのなかま

スズキ目・サバ亜目

スズキのなかま

からだが細長く、大きな口にはするどい歯をもちます。

波模様
くぼむ

オニカマス カマス科
- ♠1.7m ◆南日本・琉球列島 ♣内湾やサンゴ礁域 ♥動物食
- ★多くは、シガテラ毒をもちます。✹

ヤマトカマス カマス科
- ♠35cm ◆琉球列島をのぞく日本各地 ♣沿岸の表層
- ♥動物食 ★アカカマスに似ていますが、腹びれの位置がちがいます。食用。

腹びれは第1背びれより少し後ろ

アカカマス カマス科
- ♠30cm ◆日本各地 ♣沿岸の表層 ♥動物食
- ★からだの黒っぽいしまは、胸びれの付け根よりも上を通ります。食用。

黒っぽいしま
目は大きい
腹びれは背びれより前

タイワンカマス カマス科
- ♠20cm ◆南日本・琉球列島 ♣沿岸の表層
- ♥動物食 ★からだに黄色いしまが2本あり、下方のしまは胸びれの付け根を通ります。食用。

黄色のしま

♠大きさ(体長) ◆分布 ♣すみか ♥食性 ★特徴など ✹危険魚

からだは薄く細長い
下あごの方が長い

ナガタチカマス クロタチカマス科
♠1.3m ◆南日本 ♣海山付近の中層・底層 ♥動物食
★口が大きく、するどい歯があります。✿

出っ張りはない

バラムツ クロタチカマス科
♠1.5m ◆日本各地 ♣水深400〜850mの底層 ♥動物食
★食用にもされますが、肉にワックス成分が多く、食べ過ぎると下痢をします。✿

カゴカマス クロタチカマス科
♠40cm ◆南日本 ♣水深540m以浅の中・底層 ♥動物食
★腹びれがない個体もいます。

背びれは白
大きな口とするどい歯　腹びれはない

タチウオ タチウオ科
♠1.4m(全長) ◆琉球列島をのぞく日本各地 ♣水深100m前後の中層 ♥動物食
★腹びれと尾びれがなく、上を向いて泳ぎます。食用。✿

タチウオのするどい歯
タチウオの歯は、人の皮ふなどもかんたんに切りさいてしまいます。そのするどい歯を使って小魚などを食べます。

大きな口とするどい歯　　背びれは黄色
腹びれはない

テンジクタチ タチウオ科
♠80cm(全長) ◆南日本・琉球列島 ♣大陸棚周辺 ♥動物食
★タチウオに似ていますが、口や背びれの色がちがいます。✿

🫘ちしき オニカマスは英名で「バラクーダ」と呼ばれます。

スズキのなかま

サバ・マグロなどのなかま
スズキ目・サバ亜目／ヒシダイ亜目

サバ亜目は、からだが細長いかぼうすい形で速く泳ぎます。
ヒシダイ亜目は、からだが薄く、体高が高いのが特徴です。

迷路のような模様

腹側に黒い斑点はほとんどない

マサバ サバ科
- ♠50cm(全長)
- ◆琉球列島をのぞく日本各地
- ♣沿岸を回遊 ♥動物食
- ★春から初夏に産卵。ふつう、サバと呼ばれるのは、この魚です。食用。

迷路のような模様

腹側にも模様がある

ゴマサバ サバ科
♠50cm(全長) ◆琉球列島をのぞく日本各地 ♣沿岸を回遊 ♥動物食 ★マサバに似ていますが、冬から春に産卵します。食用。

からだは細長い

青い点線模様

サワラ サバ科
- ♠1m(全長) ◆琉球列島をのぞく日本各地 ♣沿岸の表層 ♥動物食
- ★サバのなかまでは、特にからだが細長いです。5～6月に産卵。食用。

前が高い背びれ

側線は波を打たない

スマ サバ科
- ♠1m(全長) ◆南日本・琉球列島
- ♣沖合の表層から中層 ♥動物食 ★春から夏に産卵。食用。

♠大きさ ◆分布 ♣すみか ♥食性 ★特徴など ●絶滅危惧種

キハダ サバ科
- ♠2m(全長) ◆日本各地 ♣大洋の表層を回遊
- ♥動物食 ★からだが黄色みを帯びています。食用。

長い背びれ
黄色
幼魚
長いしりびれ

大きい目
ずんぐりしたからだ

メバチ サバ科
- ♠2m(全長) ◆日本各地
- ♣外洋の表層・中層 ♥動物食 ★目が大きいので、この名がつけられました。食用。

グルクマ サバ科
- ♠40cm(全長) ◆琉球列島
- ♣沿岸〜沖合の表層
- ♥動物食(プランクトン食)
- ★群れをつくります。食用。

からだはほぼ円筒形
黒い斑点

前が高い背びれ
側線は波を打たない

カツオ サバ科
- ♠1m(全長) ◆日本各地
- ♣大洋の表層 ♥動物食 ★死ぬと腹側に縦じまがあらわれます。食用。

豆ちしき サバ科の第2背びれとしりびれの後方には、小さなひれが並んでいます。

187

ヒラソウダ サバ科

- ♠60cm(全長)
- ◆日本各地 ♣沿岸
- ♥動物食 ★マルソウダ

とともに別名「ソウダガツオ」とも呼ばれます。食用。

背中に虫くい模様

からだは細長い

マルソウダ サバ科

- ♠55cm(全長) ◆日本各地
- ♣沿岸や外洋を回遊
- ♥動物食 ★ヒラソウダに

似ていますが、からだはより厚く、体高が低いのが特徴です。食用。

長い胸びれ

ビンナガ サバ科

- ♠1.2m(全長) ◆日本各地 ♣外洋の表層を回遊 ♥動物食
- ★胸びれは成長にともない長くなります。別名「ビンチョウ」。食用。

3D

クロマグロ サバ科 🟥

- ♠3m(全長) ◆日本各地 ♣外洋の表層・中層
- ♥動物食 ★からだが大きいのが特徴ですが、

ほかのマグロのなかまと比べると、胸びれは短いです。「ホンマグロ」とも呼ばれます。食用。

くぼむ

ヒシダイ ヒシダイ科

- ♠25cm ◆南日本・琉球列島
- ♣水深900m以浅の砂泥底 ♥動物食
- ★からだは薄く、ひし形をしています。

口はななめ

♠大きさ(体長) ◆分布 ♣すみか ♥食性 ★特徴など 🟥絶滅危惧種

ヒラメのなかま カレイ目

ヒラメ科は、からだが平らで、からだの左側に目があります。

目のような模様が並ぶ

ガンゾウビラメ ヒラメ科
♠20cm ♦南日本 ♣水深15〜125mの砂泥底 ♥動物食 ★ヒラメよりも体形がずんぐりしています。食用。

テンジクガレイ ヒラメ科
♠40cm ♦南日本・琉球列島 ♣浅海の砂泥底 ♥動物食 ★下あごに、6〜14本の歯があります。食用。

黒い斑点

目はからだの左で背のへりに接する

口は大きい

ヒラメ ヒラメ科 **AR**
♠80cm ♦琉球列島をのぞく日本各地 ♣水深200m以浅の砂泥底または砂礫底 ♥動物食 ★大型で、口にはするどくて大きい歯が一列に並んでいます。食用。

発見!

ヒラメの成長

ヒラメのなかまも、カレイのなかまも、仔魚のときは目がからだの両側にあります。成長するにつれて、目がからだの片側に寄っていきます。

仔魚

仔魚の目はからだの両側にあり、ふつうの魚と同じ姿勢で泳ぎます。

目が移動する

成長するにつれて、目がからだの左側に寄っていきます。目に合わせて、からだをななめにして泳ぎます。

成魚

成魚は、両目がからだの左側にあります。目のある方を上にして、泳いだり海底で休んだりします。

豆ちしき ヒラメやカレイのなかまは、体色を変えることができます（203ページ）。

カレイ などのなかま カレイ目

カレイ科はからだが平らで、多くの種はからだの右側に目があります。

ババガレイ
カレイ科
- ♠60cm ◆北日本
- ♣水深50〜450mの砂泥底 ♥動物食
- ★からだの表面はぬるぬるしています。食用。

体表に粘液が多い
口は小さい

イシガレイ カレイ科
- ♠50cm ◆北日本
- ♣沿岸の水深30〜100mの砂泥底 ♥動物食
- ★うろこはありません。食用。

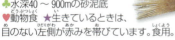

皮はなめらか

口は大きく、前に大きな歯がある

アカガレイ カレイ科
- ♠45cm ◆北日本
- ♣水深40〜900mの砂泥底
- ♥動物食 ★生きているときは、目のない左側が赤みを帯びています。食用。

マガレイ カレイ科
- ♠50cm ◆北日本
- ♣水深100m以浅の砂泥底
- ♥動物食 ★からだの裏側の後方のへりが黄色くなっています。食用。

口は小さい

マコガレイ カレイ科
- ♠45cm ◆北日本
- ♣水深100mまでの砂泥底
- ♥動物食 ★スナガレイに似ていますが、裏側のへりは黄色くありません。食用。

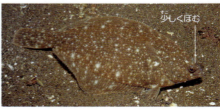

少しくぼむ

♠大きさ(体長) ◆分布 ♣すみか ♥食性 ★特徴など

くぼむ

スナガレイ カレイ科
♠30cm ◆北日本
♣沿岸の水深30m以浅の砂底 ♥動物食
★からだの裏側のへりに黄色いすじが走っています。

口は小さい

カレイのなかまの捕食

カレイのなかまは動物食です。ふだんは砂にもぐったり擬態をしたりしてかくれていますが、えさが近付くとすばやく捕食します。

マツカワ カレイ科
♠70cm ◆北日本
♣水深200m以浅の砂泥底
♥動物食 ★ひれに帯状のしま模様があります。おすは裏側が黄色です。食用。

白い斑点　口は大きい

黒いしま模様

オヒョウ カレイ科
♠おす1.4m めす2.5m ◆北日本
♣水深1100mまでの海底 ♥動物食 ★カレイやヒラメのなかまで最大です。食用。

口が大きい

191

カレイのなかま

ヤナギムシガレイ
カレイ科
- ♠30cm
- ◆琉球列島をのぞく日本各地
- ♣水深100〜200mの砂泥底
- ♥動物食
- ★秋から春に産卵。食用。

— からだは細長い
— 口は小さい

メイタガレイ カレイ科
- ♠20cm
- ◆北海道と琉球列島をのぞく日本各地
- ♣沿岸の水深100m以浅の砂泥底
- ♥動物食
- ★目と目の間に小さなとげがあります。食用。

— 目はくっついている
— 口は小さい

— めすの胸びれは小さい
— うろこは小さい
— くぼむ

AR

モンダルマガレイ
ダルマガレイ科
- ♠40cm
- ◆南日本・琉球列島
- ♣サンゴ礁域の砂地
- ♥動物食
- ★環境に合わせて体色を変えます。

— 目と目の間が広く目は大きい
— 黒い点

ダルマガレイ ダルマガレイ科
- ♠12cm
- ◆南日本
- ♣水深30m以浅の砂泥底
- ♥動物食
- ★おすの鼻先に小さなとげがあります。

— 小さな目

アカシタビラメ ウシノシタ科
- ♠25cm
- ◆琉球列島をのぞく日本各地
- ♣水深130m以浅の砂泥底
- ♥動物食
- ★目のある側に側線が3本あります。食用。

♠大きさ（体長） ◆分布 ♣すみか ♥食性 ★特徴など ❋危険魚

背びれやしりびれの裏側は黒い

クロウシノシタ ウシノシタ科
♠35cm ◆琉球列島をのぞく日本各地 ♣沿岸や内湾の砂泥底 ♥動物食
★目のある側の口の周りに、ひげ状のものがあります。食用。

曲がった口
カレイのなかまには口が曲がっている種が多くいます。クロウシノシタの口は、かぎ状に曲がっています。

口

黒い点　からだに黒や白の点　曲がった口

ササウシノシタ
ササウシノシタ科
♠14cm ◆北海道と琉球列島をのぞく日本各地 ♣水深100m以浅の砂泥底 ♥動物食 ★春から夏に産卵。

尾びれは背びれ、しりびれとつながっている　白と黒のしま模様

シマウシノシタ
ササウシノシタ科
♠22cm ◆北海道と琉球列島をのぞく日本各地 ♣水深100m以浅の砂泥底 ♥動物食 ★秋に産卵。

目

ミナミウシノシタ
ササウシノシタ科
♠20cm ◆南日本・琉球列島 ♣サンゴ礁域の砂底 ♥動物食 ★ひれの付け根から強い毒を出します。☠

豆ちしき　ウシノシタ科とダルマガレイ科は、からだの左側に目があります。

193

カワハギなどのなかま　フグ目

モンガラカワハギ科は、背びれにじょうぶなとげをもちます。
カワハギ科は、からだがざらざらとしたかたい皮でおおわれています。

モンガラカワハギ
モンガラカワハギ科
- ♠43cm ◆南日本・琉球列島
- ♣沿岸の岩礁やサンゴ礁域
- ♥動物食 ★強い歯と背中のとげに注意が必要です。❀

小さなとげがある
白い大きな斑点

歯が赤い
上下が長くのびる

アカモンガラ
モンガラカワハギ科
- ♠30cm ◆南日本・琉球列島
- ♣岩礁やサンゴ礁域
- ♥動物食 ★シガテラ毒をもつものがいます。❀

青くて細いしま模様
ななめのしま模様

ななめのしま模様

ムラサメモンガラ　モンガラカワハギ科
♠20cm ◆南日本・琉球列島 ♣サンゴ礁域 ♥動物食 ★観賞魚にもされます。

クマドリ　モンガラカワハギ科
♠28cm ◆南日本・琉球列島 ♣サンゴ礁域 ♥動物食

大きな黒い斑

クラカケモンガラ
モンガラカワハギ科
- ♠20cm ◆南日本・琉球列島
- ♣岩礁やサンゴ礁域 ♥動物食
- ★腹部に黒い斑があります。

上下がのびる
めすは青っぽい

ナメモンガラ　モンガラカワハギ科
♠24cm ◆南日本 ♣沿岸の浅海域 ♥動物食 ★おすとめすで体色がちがいます。

♠大きさ(体長) ◆分布 ♣すみか ♥食性 ★特徴など ❀危険魚

背びれ、尾びれともにへりが黒い

サンゴをかじる歯

ゴマモンガラはとても強い歯をもっていて、かたいサンゴでも歯でかじりとって食べてしまいます。

ゴマモンガラ モンガラカワハギ科
♠63cm ◆南日本・琉球列島 ♣岩礁やサンゴ礁域 ♥動物食 ★強い歯に注意が必要です。

幼魚

高い背びれ

アミモンガラ
モンガラカワハギ科
♠41cm ◆北海道をのぞく日本各地 ♣沖合 ♥動物食
★よく流れ藻についています。食用。

上下がのびる

からだ全体に白い斑点

小さなとげがない

上下がのびる

イソモンガラ
モンガラカワハギ科
♠42cm ◆南日本・琉球列島 ♣岩礁やサンゴ礁域 ♥動物食
★すりばち状の巣をつくり、卵を守ります。食用。

網目模様

背びれと尾びれのへりが黄色い

キヘリモンガラ
モンガラカワハギ科
♠54cm ◆日本各地 ♣岩礁やサンゴ礁域 ♥動物食 ★めすが卵を守ります。

小さなとげがある

フグのなかま

テングカワハギ
カワハギ科
- ♠8cm ◆南日本・琉球列島 ♣サンゴ礁域 ♥動物食（サンゴのポリプ） ★おすは腹部に黒と白の模様があります。枝サンゴの周りにすみます。

- 長くのびた口先は上向きに開いている
- 黄色い模様

アオサハギ カワハギ科
- ♠7cm ◆南日本 ♣沿岸の海藻（アオサ）の多い岩礁域 ♥動物食 ★腹をふくらませる習性があります。

カワハギ カワハギ科
- ♠20cm ◆北海道と琉球列島をのぞく日本各地 ♣沿岸の岩礁域 ♥動物食 ★おすは第2背びれの前が糸状に長くのびます。食用。

- おすはのびる
- からだは薄い

ウマヅラハギ
カワハギ科
- ♠32cm ◆琉球列島をのぞく日本各地 ♣沿岸域 ♥動物食 ★頭部が長く、馬の顔に似ています。食用。

- からだは薄い

ソウシハギ
カワハギ科
- ♠75cm ◆日本各地 ♣沿岸域 ♥動物食 ★シガテラ毒をもつものもいます。☀

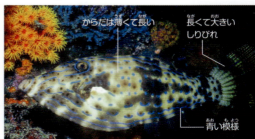
- からだは薄くて長い
- 長くて大きいしりびれ
- 青い模様

♠大きさ(体長) ◆分布 ♣すみか ♥食性 ★特徴など ☀危険魚

ノコギリハギ カワハギ科
♠8cm ◆南日本・琉球列島
♣岩礁やサンゴ礁域 ♥動物食
★毒をもつシマキンチャクフグに
姿を似せて、身を守っています。

網目模様

おすには
短くてかたいとげ

アミメハギ カワハギ科
♠7cm ◆琉球列島をのぞく日本各地
♣沿岸の藻場や岩礁域 ♥動物食
★海藻に卵を産み、めすが守ります。

からだは
薄くて長い

ウスバハギ カワハギ科
♠67cm ◆日本各地
♣沿岸域 ♥動物食（クラゲ類
など）★群れをつくります。
食用。

尾びれの
付け根が長い

皮はなめらか

ヨソギ カワハギ科
♠おす11cm、めす8cm
◆南日本・琉球列島 ♣浅海の砂地
♥動物食 ★おすの尾びれは、数本
が糸状にのびます。

おすは
のびる

からだは薄い

豆ちしき カワハギは、かんたんに皮をはぐことができるので、この名がつきました。

197

ハコフグのなかま フグ目

からだは箱のような形で、かたい骨板でおおわれ、ふくらませることはできません。

ミナミハコフグ
ハコフグ科
- ♠38cm ◆南日本・琉球列島 ♣沿岸の浅海域 ♥動物食 ★皮ふに毒をもちます。❀

幼魚

網目模様

ハコフグ ハコフグ科
- ♠25cm ◆琉球列島をのぞく日本各地 ♣沿岸の岩礁域 ♥動物食 ★皮ふに毒をもちますが、身は食べられます。❀

短い1対の角　出っ張り

ウミスズメ ハコフグ科
- ♠25cm ◆日本各地 ♣浅い岩礁やサンゴ礁域 ♥動物食 ★皮ふに毒をもちます。❀

深くくぼむ　からだ全体に白い点

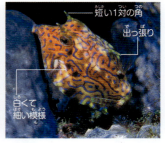
短い1対の角　出っ張り　白くて細い模様

クロハコフグ ハコフグ科
- ♠20cm ◆南日本・琉球列島 ♣サンゴ礁域 ♥動物食 ★皮ふに毒をもちます。❀

シマウミスズメ ハコフグ科
- ♠19cm ◆南日本・琉球列島 ♣沿岸の浅海域 ♥動物食 ★皮ふに毒をもち、前から見ると五角形に見えます。❀

フグなどのなかま　フグ目

フグ科は、上下のあごに2つずつ歯があり、多くの種が強い毒をもちます。
フグ科とハリセンボン科は、腹部を大きくふくらませることができます。

腹までとどく黒い帯

フグの毒
フグのなかまの多くは、からだにテトロドトキシンという猛毒をもちます。フグは、この毒をもった生き物を食べることで、からだに毒をもつようになると考えられています。

シマキンチャクフグ フグ科
♠10cm ◆南日本・琉球列島 ♣沿岸の岩礁やサンゴ礁域 ♥動物食 ★毒をもちます。✺

黒っぽい2本の帯

キタマクラ フグ科
♠15cm ◆南日本・琉球列島 ♣磯やタイドプールなどから水深350mまでの海域 ♥動物食 ★毒をもちます。✺

ショウサイフグ
フグ科
♠30cm ◆琉球列島をのぞく日本各地 ♣沿岸 ♥動物食 ★強い毒をもちます。✺

背中に網目模様

しりびれは白い

マフグ
フグ科
♠45cm ◆琉球列島をのぞく日本各地 ♣水深200m以浅の砂泥底 ♥動物食 ★強い毒をもちます。✺

大きな黒い斑

ヒガンフグ フグ科
♠30cm ◆日本各地 ♣沿岸の岩礁に近い砂底 ♥動物食 ★強い毒をもちます。✺

背中に黒い斑点

豆ちしき　猛毒をもつマフグやトラフグは食用にもされますが、取り扱うには資格が必要です。

フグのなかま

白い点　黒い斑点

クサフグ フグ科
♠10cm ◆日本各地 ♣沿岸の浅海
♥動物食 ★強い毒をもちます。背と腹は小さいとげにおおわれています。☀

クサフグの産卵
初夏に、内湾の小石が多い岸辺に集まって、集団で産卵します。

コクテンフグ フグ科
♠20cm ◆南日本・琉球列島
♣サンゴ礁域 ♥動物食
★毒をもちます。体色はさまざまですが、必ず黒い斑点が散らばります。☀

黒い斑点

黒い大きな斑　白い点

トラフグ フグ科
♠70cm ◆琉球列島をのぞく日本各地
♣沿岸から沖合の砂泥底 ♥動物食 ★からだは小さいとげにおおわれています。☀

からだ全体に白い点
白いしま模様

サザナミフグ フグ科
♠45cm ◆南日本・琉球列島 ♣サンゴ礁域やマングローブ域 ♥動物食
★毒をもちます。腹部に小さな波のような模様があります。☀

♠大きさ(体長) ◆分布 ♣すみか ♥食性 ★特徴など ☀危険魚

シロサバフグ フグ科
- ♠30cm ◆沖縄県をのぞく日本各地 ♣沿岸の中層 ♥動物食 ★毒をもちます。✿

黄色 / 細い

黒い / 上下の先は白い / 細い

クロサバフグ フグ科
- ♠35cm ◆琉球列島をのぞく日本各地
- ♣沿岸の中層 ♥動物食 ★肝臓と卵巣に強い毒をもちます。
- シロサバフグよりは黒みを帯びています。✿

背中に黒い模様

アカメフグ フグ科
- ♠25cm ◆南日本 ♣沿岸の岩礁や藻場
- ♥動物食 ★強い毒をもちます。✿

オキナワフグ フグ科
- ♠20cm ◆南日本・琉球列島
- ♣水深200m以浅の沿岸や汽水域など ♥動物食
- ★強い毒をもちます。✿

黒っぽい背中に黒い斑 / からだは細長い

銀色の帯 / 細い

センニンフグ フグ科
- ♠1m ◆日本各地
- ♣沖合 ♥動物食
- ★毒をもちます。✿

黒い斑 / 白い点

コモンフグ フグ科
- ♠20cm ◆日本各地 ♣沿岸の岩場や砂場 ♥動物食
- ★強い毒をもちます。✿

豆ちしき クサフグの産卵は、めすが産んだ卵に、おすが精子をかけて行われます。

フグのなかま

ハリセンボン
ハリセンボン科
♠30cm ◆日本各地
♣沿岸の水深40m以浅
♥動物食 ★無毒。危険を感じると水を吸いこんでふくらみ、とげを立てます。食用。

黒い模様に白いふちどりはない

ハリセンボンのとげ
ハリセンボンのからだの表面には、たくさんのとげがあります。このとげは、うろこが変化したものです。

イシガキフグ ハリセンボン科
♠55cm ◆日本各地 ♣沿岸の岩礁域 ♥動物食
★無毒。とげを立てません。

マンボウ
マンボウ科
♠4m ◆日本各地
♣沖合の表層 ♥動物食（クラゲ類など）
★大きな背びれとしりびれを左右の同じ側に倒して泳ぎます。食用。

背びれ / まるい / まるい胸びれ / しりびれ / 3D

♠大きさ(体長) ◆分布 ♣すみか ♥食性 ★特徴など

敵から身を守る

水の中で生きのびるため、魚たちはどのようにして、敵から身を守っているのでしょう。

群れて守る
大きな群れをつくることで、敵におそわれても、にげのびる数が多くなります。

マイワシ

かくれて守る
からだの色や模様を周りの環境に似せて、敵に見つかりにくくします。サンゴや海藻などに擬態して、形を似せている種もいます。

ヒラメ

カサゴ

とげで守る
からだやひれにするどいとげをもつことで、敵から身を守ります。毒のあるとげをもつ種もいます。

サザナミフグ

大きくなって守る
海水を飲みこんでからだをふくらませて、敵をおどろかせたり、からだを大きく見せることで相手を威嚇したりします。

ハコフグ

毒で守る
からだに毒をもっていたり、毒を出したりして、身を守ります。

203

いろいろな深海魚

おもに水深200mよりも深い海にすむ魚を「深海魚」と呼びます。深海魚には、変わった特徴をもつものがたくさんいます。

クロデメニギス
デメニギス科
- ♠15cm（全長）
- ♣水深400〜800m
- ♥動物食（プランクトン、クラゲなど）
- ★大きな目が特徴で、深海の中のわずかな光でもとらえることができます。

キバアンコウ
キバアンコウ科
- ♠おす2cm、めす6〜10cm（全長）
- ♣水深1000〜4000m
- ♥動物食 ★口の周りにひげのようにのびた長い歯があります。おすは、めすより小さく、めすのからだにくっついて生活しています。

おす
歯

フクロウナギ
フクロウナギ科
- ♠75cm（全長）
- ♣水深500〜3000m
- ♥動物食 ★大きな口を開けてえものを待ちぶせし、海水ごとのみ込み、あとから海水だけをはき出します。

♠大きさ ♣すみか ♥食性 ★特徴など

オニキンメ
オニキンメ科
- ♠15cm（体長）
- ♣水深600～5000m
- ♥動物食 ★じっとしていて、近付いたえものを大きな歯でとらえます。

ホウライエソ　ホウライエソ科
♠35cm（体長） ♣水深100～1000m ♥動物食
★背びれの先や、腹部の発光器を光らせ、えものをおびきよせて丸のみします。

サギフエ　サギフエ科
♠15cm（体長） ♣水深500mまでの海底 ♥動物食
★頭を下にして泳ぎ、管状の口で海底のえものを探して食べます。長い距離を移動するときはからだを水平にして泳ぎます。

「深海」って？
海全体の97%は「深海」にあたります。海の深さが深くなるほど、光がとどかなくなり水圧が大きくなります。

- 海面
- 水深 200 m
- 水深 1000 m
  水深1000mをこえると、太陽の光がとどきません。
- 水深 8178 m
  水深8178mは、魚が発見されたことのある最も深い記録といわれています。
- 水深 1 万 920 m
  海のいちばん深いところの深さです。

外国の魚（鑑賞魚など）

日本でも飼育されたり、水族館で展示されたり、鑑賞魚などとしても人気の魚を紹介します。もともとはほとんどが川や湖にすむものです。

セイルフィンモーリー カダヤシ科
♠12cm ◆メキシコ ★改良が重ねられ、さまざまな色や姿が見られます。胎生です。

エンゼルフィッシュ カワスズメ科
♠9cm ◆アマゾン川 ★古くから飼われている熱帯魚で、たくさんの品種がつくられました。

ディスカス カワスズメ科
♠18cm ◆アマゾン川 ★円盤型のからだの表面からディスカスミルクと呼ばれる液を出します。稚魚はこれを吸って成長します。

デンキナマズ デンキナマズ科
♠40cm ◆アフリカ ★えものをとったり、身を守ったりするときに発電します。☀

♠大きさ（体長） ◆分布 ★特徴など ☀危険魚

206

ベタ
オスフロネムス科
♠7cm ◆タイ、カンボジア
★おす同士は死ぬまで戦うので有名。品種改良でさまざまな体色があります。

ドワーフグーラミィ
オスフロネムス科
♠6cm ◆インド
★水面に泡で巣をつくって産卵し、稚魚が泳ぎだすまでおすが守ります。

ピラルクー アロワナ科
♠2.5m ◆アマゾン川 ★世界最大の淡水魚。ワシントン条約で保護されています。

ピラニアナッテリー
カラシン科
♠25cm ◆アマゾン川
★人の指をかみ切るほどのするどい歯をもちます。❀

ヨツメウオ ヨツメウオ科
♠20cm ◆アマゾン川
★1つの目の中に空中用と水中用の部分があり、目が4つあるように見えます。胎生です。

おすし図鑑

ライブ情報

おすしにはいろいろな魚が、生のままや調理されて使われています。
赤身の魚、白身の魚など、おすしで食べられる魚を見てみましょう。

マグロ

ニジマス

鮪（まぐろ）
からだの部分によって、赤身、トロ、大トロなどがあります。

サーモン
英語では「サケ」の意味ですが、養殖のニジマスがよく使われます。

鰤（ぶり）
脂身の多いのが特徴です。

鯛（たい）
すき通るような白身が特徴です。

ブリ

マダイ

ほかにもこんなおすしがあります。

びんちょう鮪（まぐろ）
ビンナガのおすしです。

魚の卵を使ったおすし

いくら サケの卵です。

数の子 ニシンの卵です。

鯖（さば） 生で食べるほか、「しめさば」などの食べ方も人気です。

穴子（あなご） 焼いたり、にたりして使われます。

鰯（いわし） 鰯や鯵は、皮が光っているので「ひかりもの」といわれます。

鯵（あじ）

鉄火巻き（てっかまき） メバチ、ビンナガ、キハダなどをのりで巻いたおすしです。

鮃（ひらめ） ヒラメのおすしです。

209

さくいん INDEX

※この本に出ている魚の名前が、アイウエオ順にならんでいます。種の解説があるページは、太字で書いてあります。

ア

- アイゴ —— **179**
- アイゴのなかま —— 179
- アイナメ —— **160**
- アイナメのなかま —— 160
- アオウオ —— **27**
- アオギス —— **130**
- アオサハギ —— 前見返し・**196**
- アオチビキ —— **119**
- アオノメハタ —— **104**
- アオバスズメダイ —— **146**
- アオバダイ —— **128**
- アオブダイ —— **158**
- アオベラ→キュウセン —— 154
- アオメエソ —— **75**
- アオヤガラ —— **84**
- アカアマダイ —— **110**
- アカイサキ —— **101**
- アカエイ —— **66**・後ろ見返し
- アカエソ —— **75**
- アカカマス —— **184**
- アカガレイ —— **190**
- アカククリ —— **180**
- アカグツ —— **79**
- アカザ —— **32**
- アカササノハベラ —— **153**
- アカシタビラメ —— **192**
- アカナマダ —— **76**
- アカネハナゴイ —— **100**
- アカハタ —— **103**
- アカハチハゼ —— **174**
- アカハラヤッコ —— **138**
- アカヒメジ —— **129**
- アカヒレタビラ —— **20**
- アカベラ→キュウセン —— 154
- アカマツカサ —— **80**
- アカマンボウ —— **76**
- アカマンボウのなかま —— 76
- アカムツ —— **99**
- アカムツのなかま —— 99
- アカメ→キントキダイ —— 107
- アカメフグ —— **201**
- アカモンガラ —— **194**
- アカヤガラ —— **84**
- アキアジ→サケ —— 35

- アケボノチョウチョウウオ —— 前見返し・**134**
- アケボノハゼ —— **177**
- アコウダイ —— **90**
- アゴハゼ —— **176**
- アザハタ —— **104**
- アサヒアナハゼ —— **161**
- アジのなかま —— 110
- アジメドジョウ —— **30**
- アシロ —— **78**
- アシロのなかま —— 78
- アズキハタ —— **102**
- アツモリウオ —— **163**
- アナゴのなかま —— 70
- アナハゼ —— **161**
- アブラハヤ —— **24**
- アブラヒガイ —— **26**
- アブラボテ —— **20**
- アブラメ→アイナメ —— 160
- アブラヤッコ —— **138**
- アベハゼ —— **45**
- アマゴ→サツキマスの陸封型 —— 38
- アマダイのなかま —— 110
- アミチョウチョウウオ —— **134**
- アミメチョウチョウウオ —— **134**
- アミメハギ —— 159・**197**
- アミモンガラ —— **195**
- アメノウオ→ビワマス —— 36
- アメマス —— **34**
- アメリカナマズ→チャネルキャットフィッシュ —— 33
- アヤコショウダイ —— **122**
- アヤトビウオ —— **88**
- アヤメカサゴ —— **90**
- アユ —— 8・**34**
- アユカケ→カマキリ —— 43
- アユのなかま —— 34
- アユモドキ —— **31**
- アラ —— **100**
- アリアケギバチ —— **32**
- アリゲーターガー —— **49**
- アンコウ —— 前見返し・**56**・**78**
- アンコウのなかま —— 78

図鑑を野外や水族館などに持って行って、実際に見た魚を、さくいんの□にチェックしてみましょ

210

イ

- [ ] イカナゴ —————— **166**
- [ ] イゴダカホデリ —————— **97**
- [ ] イサキ —————— **122**
- [ ] イサキのなかま —————— 122
- [ ] イシガキスズメダイ —————— **146**
- [ ] イシガキダイ —————— **149**
- [ ] イシガキフグ —————— **202**
- [ ] イシガレイ —————— **190**
- [ ] イシダイ —————— **149**
- [ ] イシダイのなかま —————— 149
- [ ] イシドジョウ —————— **31**
- [ ] イシフエダイ —————— **119**
- [ ] イシモチ→シログチ、ニベ —————— 127
- [ ] イシモチのなかま —————— 108
- [ ] イシヨウジ —————— **83**
- [ ] イスズミ —————— **150**
- [ ] イソカサゴ —————— **95**
- [ ] イソギンポ —————— **169**
- [ ] イソゴンベ —————— **140**
- [ ] イソハゼ —————— **176**
- [ ] イソバテング —————— **162**
- [ ] イソモンガラ —————— **195**
- [ ] イタセンパラ —————— **21**
- [ ] イタチウオ —————— **78**
- [ ] イタチザメ —————— **64**
- [ ] イチモンジタナゴ —————— **22**
- [ ] イッテンチョウチョウウオ —————— **133**
- [ ] イットウダイ —————— **80**
- [ ] イトウ —————— 14·**37**
- [ ] イトヒキアジ —————— **114**
- [ ] イトヒキフエダイ —————— **119**
- [ ] イトヒキベラ —————— **154**
- [ ] イトフエフキ —————— **127**
- [ ] イトモロコ —————— **28**
- [ ] イトヨ —————— **41**
- [ ] イトヨリダイ —————— **124**
- [ ] イトヨリダイのなかま —————— 124
- [ ] イヌザメ —————— **59**
- [ ] イネゴチ —————— **98**
- [ ] イバラタツ —————— **82**
- [ ] イボダイ —————— **151**
- [ ] イボダイのなかま —————— 151
- [ ] イラ —————— **152**
- [ ] イロブダイ —————— **158**
- [ ] イワシ→マイワシ —————— 71
- [ ] イワトコナマズ —————— **33**
- [ ] イワナ→ヤマトイワナ —————— 36
- [ ] インドヒメジ —————— **129**

ウ

- [ ] ウキゴリ —————— **45**
- [ ] ウグイ —————— 15·**25**
- [ ] ウグイのなかま —————— 24
- [ ] ウケグチイットウダイ —————— **80**
- [ ] ウケクチウグイ —————— **25**
- [ ] ウケグチメバル —————— **91**
- [ ] ウサギアイナメ —————— **160**
- [ ] ウシザメ→オオメジロザメ —————— 64
- [ ] ウスバハギ —————— **197**
- [ ] ウスメバル —————— **91**
- [ ] ウツセミカジカ —————— **43**
- [ ] ウツボ —————— **69**
- [ ] ウツボのなかま —————— 69
- [ ] ウナギ→ニホンウナギ —————— 17
- [ ] ウナギギンポ —————— **171**
- [ ] ウナギのなかま —————— 17
- [ ] ウバウオ —————— **171**
- [ ] ウバウオのなかま —————— 171
- [ ] ウバザメ —————— **61**
- [ ] ウマヅラハギ —————— **196**
- [ ] ウミスズメ —————— **198**
- [ ] ウミタナゴ —————— **142**
- [ ] ウミタナゴのなかま —————— 142
- [ ] ウミヅキチョウチョウウオ —————— **134**
- [ ] ウミテング —————— **84**
- [ ] ウミヒゴイ —————— **128**
- [ ] ウメイロ —————— **118**
- [ ] ウメイロモドキ —————— **120**
- [ ] ウルメイワシ —————— **71**

エ

- [ ] エイのなかま —————— 66
- [ ] エゾイワナ→アメマス —————— 34
- [ ] エゾウグイ —————— **25**
- [ ] エゾのなかま —————— 75
- [ ] エゾホトケドジョウ —————— **30**
- [ ] エゾメバル —————— **92**
- [ ] エチオピア→シマガツオ —————— 115
- [ ] エツ —————— **72**
- [ ] エドハゼ —————— **46**
- [ ] エベスザメ→ジンベエザメ —————— 59
- [ ] エボダイ→イボダイ —————— 151
- [ ] エンゼルフィッシュ —————— 206

オ

- [ ] オイカワ —————— 23·**25**
- [ ] オイカワのなかま —————— 24
- [ ] オウギチョウチョウウオ —————— **135**

ょう。テレビやほかの本で見た魚などにも印をつければ、あなただけのさくいんができますよ。

オウゴン(黄金)	50		ガジ	165
オウゴンニジギンポ	169		カジカのなかま	43
オオウナギ	17		カジカのなかま	161
オオウミウマ	82		カジキのなかま	183
オオガタスジシマドジョウ	31		カスザメ	65
オオカミウオ	164		カスザメのなかま	65
オオキンブナ	19		カスミアジ	114
オオクチバス(ブラックバス)	49		カスミチョウチョウウオ	132
オオスジイシモチ	108		カゼトゲタナゴ(北九州型)	22
オオセ	59		カゼトゲタナゴ(山陰型)	22
オオメジロザメ	64		カタクチイワシ	73
オオモンハゲブダイ	158		カダヤシ	42
オオモンハタ	104		カツオ	57・187
オキエソ	75		カナガシラ	97
オキゴンベ	140		カナド	97
オキザヨリ	89		カネヒラ	21
オキタナゴ	142		カマキリ(アユカケ)	43
オキトラギス	166		カマスのなかま	184
オキナワフグ	201		カマツカ	29
オグロトラギス	167		カミソリウオ	83
オコゼのなかま	93		カミナリベラ	156
オジサン	128		カムルチー	48
オショロコマ	34		カモハラギンポ	170
オトメベラ	157		カモハラトラギス	166
オニイトマキエイ	67		カラストビウオ	88
オニオコゼ	96		カラフトマス	37
オニカサゴ	94		カレイのなかま	190
オニカマス	184		カワアナゴ	44
オニキンメ	205		カワザメ→チョウザメ	68
オニダルマオコゼ	96・後ろ見返し		カワスズメ	48
オニハタタテダイ	136		カワスズメのなかま	48
オハグロベラ	155		カワハギ	196
オビテンスモドキ	157		カワハギのなかま	194
オヒョウ	191		カワバタモロコ	24
オヤニラミ	43・85		カワヒガイ	26
オヤビッチャ	53・145		カワマス	39
オランダシシガシラ	51		カワムツ	26
			カワヤツメ	16

カ

ガーのなかま	49		カワヨシノボリ	46
カイワリ	113		ガンゾウビラメ	189
カエルアンコウ	前見返し・79		カンパチ	112
カエルウオ	168		カンムリベラ	155
カガミダイ	81		カンモンハタ	105
カガミチョウチョウウオ	135			
カクレクマノミ	表紙・143・147			
カゴカキダイ	150			

キ

カゴカマス	185		キアジ→マアジ	113
カサゴ	90・203		キアンコウ	9・78
カサゴのなかま	93		キイロサンゴハゼ	176
			キイロハギ	180
			ギギ	32

- ☐ ギギのなかま ――――――― 32
- ☐ キジハタ ――――――― **103**
- ☐ ギスカジカ ――――――― **161**
- ☐ キスジヒメジ ――――――― **128**
- ☐ キダイ ――――――― **125**
- ☐ キタノメダカ ――――――― **42**
- ☐ キタマクラ ――――――― **199**
- ☐ キチジ ――――――― **93**
- ☐ キチヌ ――――――― **125**
- ☐ ギチベラ ――――――― **155**
- ☐ キツネアマダイ ――――――― **110**
- ☐ キツネウオ ――――――― **124**
- ☐ キツネダイ ――――――― **153**
- ☐ キツネフエフキ ――――――― **126**
- ☐ キツネベラ ――――――― **153**
- ☐ キツネメバル ――――――― **92**
- ☐ キヌバリ ――――――― 53·**175**
- ☐ キバアンコウ ――――――― **204**
- ☐ キハダ ――――――― 56·**187**
- ☐ ギバチ ――――――― **32**
- ☐ キハッソク ――――――― **105**
- ☐ キビナゴ ――――――― **71**
- ☐ キビレアカレンコ ――――――― **125**
- ☐ キヘリモンガラ ――――――― **195**
- ☐ キュウセン ――――――― 147·**154**·159
- ☐ キュウリウオ ――――――― **74**
- ☐ キュウリウオのなかま ――――――― **74**
- ☐ キリンミノ ――――――― **94**
- ☐ ギンカガミ ――――――― **111**
- ☐ ギンガハゼ ――――――― **176**
- ☐ ギンガメアジ ――――――― **114**
- ☐ キンギョ→金魚のなかま ――――――― 50
- ☐ キンギョハナダイ ―― 前見返し・55·**101**
- ☐ ギンザケ ――――――― **36**
- ☐ ギンザメ ――――――― **58**
- ☐ ギンザメのなかま ――――――― 58
- ☐ キンセンイシモチ ――――――― 85·**108**
- ☐ キンチャクダイ ――――――― **137**
- ☐ キンチャクダイのなかま ――――――― 137
- ☐ キントキダイ ――――――― **107**
- ☐ キントキダイのなかま ――――――― 106
- ☐ キンブナ ――――――― **18**
- ☐ ギンブナ ――――――― 15·**18**
- ☐ ギンポ ――――――― **164**
- ☐ ギンポのなかま ――――――― 168
- ☐ キンメ→キントキダイ ――――――― 107
- ☐ キンメダイ ――――――― 57·**80**
- ☐ キンメダイのなかま ――――――― 80
- ☐ ギンユゴイ ――――――― **148**

ク

- ☐ クエ ――――――― **103**·178
- ☐ クギベラ ――――――― **154**
- ☐ クサフグ ――――――― **200**
- ☐ クジメ ――――――― **160**
- ☐ クジャクベラ ――――――― **156**
- ☐ クダゴンベ ――――――― **140**
- ☐ クチグロ→イシダイ ――――――― 149
- ☐ クチジロ→イシガキダイ ――――――― 149
- ☐ クチボソ→モツゴ ――――――― 27
- ☐ グッピー ――――――― **42**
- ☐ クニマス ――――――― **37**
- ☐ クマガイウオ ――――――― **163**
- ☐ クマササハナムロ ――――――― **120**
- ☐ クマドリ ――――――― **194**
- ☐ クマノミ ――――――― **143**
- ☐ クモハゼ ――――――― **175**
- ☐ クラカケトラギス ――――――― **166**
- ☐ クラカケモンガラ ――――――― **194**
- ☐ グルクマ ――――――― **187**
- ☐ クルマダイ ――――――― **107**
- ☐ クレナイニセスズメ ――――――― **106**
- ☐ クロアジ→マアジ ――――――― 113
- ☐ クロアナゴ ――――――― **70**
- ☐ クロウシノシタ ――――――― **193**
- ☐ クロカジキ ――――――― **183**
- ☐ クロサギ ――――――― **121**
- ☐ クロサバフグ ――――――― **201**
- ☐ クロソイ ――――――― **91**
- ☐ クロダイ ――――――― **125**·147
- ☐ クロデメキン(黒出目金) ――――――― **50**
- ☐ クロデメニギス ――――――― **204**
- ☐ クロハコフグ ――――――― **198**
- ☐ クロホシイシモチ ――――――― **108**
- ☐ クロホシフエダイ ――――――― **117**
- ☐ クロマグロ ――――――― 159·**188**·208
- ☐ クロメジナ ――――――― **150**
- ☐ クロユリハゼ ――――――― **177**

ケ

- ☐ ケイジ→サケ ――――――― 35
- ☐ ゲンゲのなかま ――――――― 164
- ☐ ゲンゴロウブナ ――――――― **19**

コ

- ☐ コイ ――――――― **18**
- ☐ コイのなかま ――――――― 18
- ☐ 降海型 ――――――― 38
- ☐ コウハク(紅白) ――――――― **51**

213

- コウライトラギス ── 167
- コガネヤッコ ── 139
- コクチバス ── 15·49
- コクチフサカサゴ ── 95
- コクテンフグ ── 200
- ゴクラクハゼ ── 46
- コクレン ── 27
- コケギンポ ── 171
- コショウダイ ── 123
- コスジイシモチ ── 109
- コチ→ネズミゴチ、ヨメゴチ ── 172
- コチのなかま ── 98
- ゴテンアナゴ ── 70
- コトヒキ ── 148
- コノシロ ── 72
- コハダ→コノシロ ── 72
- コバンアジ ── 113
- コバンザメ ── 111·178
- コブダイ ── 152
- コボラ ── 86
- ゴマアイゴ ── 179
- コマイ ── 77
- ゴマギンポ ── 165
- ゴマサバ ── 186
- ゴマハギ ── 181
- ゴマフエダイ ── 117
- ゴマモンガラ ── 195
- コメット ── 51
- コモチサヨリ ── 87
- コモンフグ ── 201
- コロダイ ── 122
- 婚姻色 ── 23
- ゴンズイ ── 73·後ろ見返し
- ゴンズイ玉 ── 73
- ゴンベのなかま ── 140

サ

- サカタザメ ── 66
- サギフエ ── 205
- サクラダイ ── 101·147
- サクラマス ── 38
- サクラマスの陸封型(ヤマメ) ── 38
- サケ ── 14·35
- サケのなかま ── 34
- ササウシノシタ ── 193
- サザエワリ→ネコザメ ── 59
- サザナミトサカハギ ── 181
- サザナミフグ ── 200·203
- サザナミヤッコ ── 139
- ササムロ ── 120

- サツキマス ── 38
- サツキマスの陸封型(あまご) ── 38
- サッパ ── 72
- サバ→マサバ ── 186
- サバのなかま ── 186
- サバブカ→イタチザメ ── 64
- サビハゼ ── 175
- サヨリ ── 87
- サヨリトビウオ ── 88
- サラサゴンベ ── 140
- サラサハゼ ── 175
- サラサハタ ── 105
- サワラ ── 186
- サンゴアイゴ ── 179·後ろ見返し
- サンフィッシュのなかま ── 49
- サンマ ── 89
- サンマのなかま ── 87

シ

- シイラ ── 111
- シガテラ毒 ── 102
- シシャモ ── 74
- シチセンベラ ── 152
- シテンヤッコ ── 138
- シノビハゼ ── 174
- シビレエイ ── 54·66
- シベリアヤツメ ── 16
- シマアジ ── 113
- シマイサキ ── 148
- シマイサキのなかま ── 148
- シマウシノシタ ── 193
- シマウミスズメ ── 198
- シマガツオ ── 115
- シマキンチャクフグ ── 199
- シマゾイ ── 92
- シマドジョウ ── 14·31
- シマハギ ── 182
- シマヨシノボリ ── 46
- シモフリタナバタウオ ── 106
- ジュズカケハゼ ── 47
- シュブンキン(朱文金) ── 50
- ショウサイフグ ── 199
- シラウオ ── 74
- シラコダイ ── 135
- シラス干し ── 73
- シリキルリスズメダイ ── 145
- シロアマダイ ── 110
- シロウオ ── 45
- シロギス ── 130
- シログチ ── 127

□ シロゲンゲ	164	□ ソウダガツオ→ヒラソウダ、マルソウダ	
□ シロザケ→サケ	35		188
□ シロサバフグ	201	□ ソトイワシ	68
□ シロシュモクザメ	63	□ ソトイワシのなかま	68
□ シロヒレタビラ	21	□ ソラスズメダイ	54・145
□ シロワニ	60		
□ シンコ→コノシロ	72	**タ**	
□ ジンベエザメ	52・59・178	□ タイ→マダイなど	125

ス

□ スイ	162
□ スイホウガン（水泡眼）	51
□ スカシテンジクダイ	108
□ スケトウダラ	77
□ スゴモロコ	29
□ スジアラ	101
□ スジハナダイ	102
□ スジベラ	157
□ スズキ	99
□ スズキのなかま	43・99
□ ススキハダカ	76
□ スズメダイ	144
□ スズメダイのなかま	143
□ スダレチョウチョウウオ	135
□ ズナガニゴイ	28
□ スナガレイ	191
□ スナヤツメ	14・16
□ スポッテッドガー	49
□ スマ	186
□ スミツキトノサマダイ	132
□ スミレヤッコ	138

セ

□ セグロチョウチョウウオ	131
□ セジロクマノミ	143
□ セスジボラ	86
□ ゼゼラ	28
□ セトミノカサゴ	95
□ セナキルリスズメダイ	145
□ ゼニタナゴ	20
□ ゼブラハゼ	177
□ セボシタビラ	20
□ セミホウボウ	98
□ セイルフィンモーリー	206
□ センニンフグ	201
□ センネンダイ	116

ソ

□ ソウギョ	27
□ ソウシハギ	196

タ

□ タイ→マダイなど	125
□ タイショウサンショク（大正三色）	51
□ ダイナンギンポ	85・165
□ タイリクバラタナゴ	22
□ タイワンカマス	184
□ タイワンドジョウ	48
□ タイワンドジョウのなかま	48
□ タウエガジ	165
□ タウナギ	41
□ ダウリアチョウザメ	68
□ タカサゴ	120
□ タカサゴのなかま	120
□ タカノハダイ	141
□ タカハヤ	25
□ タカベ	148
□ タキゲンロクダイ	133
□ 托卵	26
□ タコベラ	154
□ タチウオ	185
□ タチウオのなかま	185
□ タツノイトコ	82
□ タツノオトシゴ	82
□ タテガミギンポ	169
□ タテジマキンチャクダイ	137
□ タテジマヘビギンポ	168
□ タテジマヤッコ	139
□ ダテハゼ	175・178
□ タナゴのなかま	20
□ タナゴモドキ	44
□ タナバタウオ	106
□ タマガシラ	124
□ タマギンポ	170
□ タモロコ	29
□ タラのなかま	77
□ ダルマオコゼ	前見返し・96
□ ダルマガレイ	192
□ タレクチベラ	156
□ ダンゴウオ	53・162
□ タンチョウ（丹頂）	51

チ

□ チカ	74
□ チカダイ→ナイルティラピア	48

215

- チカメキントキ ——— 107
- チチブ ——— 47
- チヒロザメ ——— 63
- チャガラ ——— 174
- チャネルキャットフィッシュ ——— 33
- チョウザメ ——— 68
- チョウザメのなかま ——— 68
- チョウチョウウオ ——— 131
- チョウチョウウオのなかま ——— 131
- チョウチョウコショウダイ ——— 123
- チョウテンガン(頂天眼) ——— 51
- チョウハン ——— 131
- チリメンヤッコ ——— 138
- チンアナゴ ——— 54・70

ツ

- ツクシトビウオ ——— 88
- ツチフキ ——— 29
- ツノダシ ——— 179
- ツノハタタテダイ ——— 136
- ツバクロエイ ——— 66
- ツバサハゼ ——— 44
- ツバメウオ ——— 180
- ツマグロハタンポ ——— 130
- ツムギハゼ ——— 45
- ツムブリ ——— 112
- ツユベラ ——— 155

テ

- ディスカス ——— 85・206
- デバスズメダイ ——— 55・146
- デメモロコ ——— 29
- デンキナマズ ——— 206
- テングカワハギ ——— 196
- テングダイ ——— 54・141
- テングハギ ——— 181
- テングハギモドキ ——— 182
- テンクロスジギンポ ——— 169
- テンジクガレイ ——— 189
- テンジクザメのなかま ——— 59
- テンジクダイのなかま ——— 108
- テンジクタチ ——— 185
- テンジクダツ ——— 89
- テンス ——— 157

ト

- トウゴロウイワシのなかま ——— 86
- トウザヨリ ——— 87
- トウジン ——— 77
- トガリエビス ——— 80

- トキシラズ→サケ ——— 35
- トクビレ ——— 163
- トゲウオのなかま ——— 40・82
- トゲチョウチョウウオ ——— 55・132
- トゲヨウジ ——— 83
- トゴットメバル ——— 91
- トサキン(土佐金) ——— 50
- ドジョウ ——— 30
- ドジョウのなかま ——— 30
- ドチザメ ——— 64
- トビウオ ——— 56・88
- トビウオのなかま ——— 87
- トビエイ ——— 67
- トビヌメリ ——— 172
- トビハゼ ——— 173
- トミヨ属雄物型 ——— 40
- トミヨ属淡水型 ——— 40
- トラウツボ ——— 後ろ見返し・69
- トラギス ——— 166
- トラギスのなかま ——— 166
- トラザメ ——— 62・63
- トラブカ→ナヌカザメ ——— 63
- トラフグ ——— 後ろ見返し・200
- ドロメ ——— 175
- ドワーフグーラミィ ——— 207
- ドンコ ——— 44

ナ

- ナイルティラピア(チカダイ) ——— 48
- ナガタチカマス ——— 185
- ナガハナダイ ——— 101
- ナガブナ ——— 19
- ナヌカザメ ——— 62・63
- ナベカ ——— 171
- ナポレオンフィッシュ→メガネモチノウオ ——— 156
- ナマズ ——— 15・33
- ナマズのなかま ——— 32・73
- ナミノハナ ——— 86
- ナメモンガラ ——— 194
- ナメラヤッコ ——— 138
- ナンヨウハギ ——— 182
- ナンヨウブダイ ——— 158・159

ニ

- ニゴイ ——— 28
- ニゴロブナ ——— 19
- ニザダイ ——— 180
- ニザダイのなかま ——— 180
- ニシキゴイ→錦鯉のなかま ——— 50

☐ ニシキテグリ	—	**172**
☐ ニシキハゼ	—	**176**
☐ ニシキフウライウオ	—	**83**
☐ ニシキベラ	—	53·**153**
☐ ニシキヤッコ	—	**139**
☐ ニジギンポ	—	**170**
☐ ニジハギ	—	**182**
☐ ニジハタ	—	**103**
☐ ニジマス	—	**39**·**208**
☐ ニシン	—	**71**
☐ ニシンのなかま	—	71
☐ ニセクロスジギンポ	—	**170**
☐ ニセクロホシフエダイ	—	**118**
☐ ニセフウライチョウチョウウオ	—	**133**
☐ ニタリ	—	**62**
☐ ニッポンバラタナゴ	—	**23**
☐ ニベ	—	**127**
☐ ニベのなかま	—	126
☐ ニホンウナギ	—	**17**

ヌ

☐ ヌタウナギ	—	**58**
☐ ヌタウナギのなかま	—	58
☐ ヌノサラシ	—	**105**
☐ ヌマムツ	—	**26**

ネ

☐ ネコギギ	—	**32**
☐ ネコザメ	—	**59**·**62**
☐ ネコザメのなかま	—	59
☐ ネコブカ→ナヌカザメ	—	63
☐ ネジリンボウ	—	**176**
☐ ネズッポのなかま	—	172
☐ ネズミギス	—	**73**
☐ ネズミギスのなかま	—	73
☐ ネズミゴチ	—	**172**
☐ ネズミザメのなかま	—	60
☐ ネッタイスズメダイ	—	**144**
☐ ネッタイミノカサゴ	—	**93**
☐ ネムリブカ	—	**64**
☐ ネンブツダイ	—	**109**

ノ

☐ ノコギリザメ	—	**65**
☐ ノコギリザメのなかま	—	65
☐ ノコギリダイ	—	**126**
☐ ノコギリハギ	—	**197**
☐ ノドグロ→アカムツ	—	99
☐ ノドグロ→ユメカサゴ	—	90

ハ

☐ パーマーク	—	37
☐ パールスケール	—	**51**
☐ ハオコゼ	—	**96**
☐ ハクレン	—	14·**27**
☐ ハコフグ	—	**198**·**203**
☐ ハコフグのなかま	—	198
☐ ハシナガウバウオ	—	**171**
☐ バショウカジキ	—	57·**183**·後ろ見返し
☐ ハス	—	**24**
☐ ハゼのなかま	—	44·173
☐ ハタ→マハタ	—	102
☐ ハダカイワシのなかま	—	76
☐ ハダカハオコゼ	—	**95**
☐ ハタタテダイ	—	**136**
☐ ハタタテハゼ	—	**177**
☐ ハタのなかま	—	100
☐ ハタハタ	—	**163**
☐ ハタンポのなかま	—	130
☐ ハチ	—	**95**
☐ ハチジョウアカムツ	—	**119**
☐ ハチビキ	—	**115**
☐ ハッカク→トクビレ	—	163
☐ ハナオコゼ	—	**79**
☐ ハナグロチョウチョウウオ	—	**135**
☐ ハナゴイ	—	**100**
☐ ハナダイのなかま	—	106
☐ ハナハゼ	—	**178**
☐ ハナヒゲウツボ	—	55·**69**·前見返し
☐ ハナビラウオ	—	**151**
☐ ハナフエダイ	—	**118**
☐ ハナフエフキ	—	**127**
☐ ハナミノカサゴ	—	**93**
☐ ババガレイ	—	**190**
☐ ハマクマノミ	—	55·**143**
☐ ハマダイ	—	**118**
☐ ハマフエフキ	—	**127**
☐ ハモ	—	**70**
☐ ハモのなかま	—	70
☐ バラクーダ→オニカマス	—	184
☐ バラハタ	—	**102**
☐ バラフエダイ	—	**116**
☐ バラムツ	—	**185**
☐ バラメヌケ	—	**91**
☐ ハリセンボン	—	**202**
☐ ハリヨ	—	**40**·41

ヒ

- ☐ ヒイラギ ——————— **115**
- ☐ ヒイラギのなかま ——————— 115
- ☐ ヒウツリ（緋写り） ——————— **51**
- ☐ ヒカリイシモチ ——————— **109**
- ☐ ヒカリキンメダイ ——————— **81**
- ☐ ヒガンフグ ——————— 199
- ☐ ヒシダイ ——————— **188**
- ☐ ヒトスジイシモチ ——————— **109**
- ☐ ヒナハゼ ——————— **45**
- ☐ ヒバシヨウジ ——————— **83**
- ☐ ヒフキアイゴ ——————— **179**
- ☐ ヒメ ——————— **75**
- ☐ ヒメギンポ ——————— **168**
- ☐ ヒメコダイ ——————— **100**
- ☐ ヒメサツマカサゴ ——————— **94**
- ☐ ヒメジ ——————— **129**
- ☐ ヒメジのなかま ——————— 128
- ☐ ヒメダカ ——————— **42**
- ☐ ヒメのなかま ——————— 75
- ☐ ヒメフエダイ ——————— **117**
- ☐ ヒメマス→ベニザケの陸封型 ——————— 36
- ☐ ヒラ ——————— **72**
- ☐ ヒラスズキ ——————— **99**
- ☐ ヒラソウダ ——————— **188**
- ☐ ヒラタエイ ——————— **66**
- ☐ ピラニアナッテリー ——————— 207
- ☐ ヒラマサ ——————— **112**
- ☐ ヒラメ ——————— **189·203**
- ☐ ヒラメのなかま ——————— 189
- ☐ ピラルクー ——————— 207
- ☐ ビリンゴ ——————— **47**
- ☐ ヒレグロコショウダイ ——————— **123**
- ☐ ヒレナガカンパチ ——————— 57·**112**
- ☐ ヒレナガスズメダイ ——————— **146**
- ☐ ヒレナガハギ ——————— **181**
- ☐ ヒレナガヤッコ ——————— **137**
- ☐ ビワコオオナマズ ——————— **33**
- ☐ ビワヒガイ ——————— 8·**27**
- ☐ ビワマス ——————— **36**
- ☐ ビンチョウ→ビンナガ ——————— 188
- ☐ ビンナガ ——————— **188**

フ

- ☐ フウライチョウチョウウオ ——————— **131**
- ☐ フエダイ ——————— **116**
- ☐ フエダイのなかま ——————— 116
- ☐ フエフキダイ ——————— **127**
- ☐ フエフキダイのなかま ——————— 126

- ☐ フエヤッコダイ ——————— **136**
- ☐ フクドジョウ ——————— **31**
- ☐ フグのなかま ——————— 199
- ☐ フクロウナギ ——————— 204
- ☐ フサカサゴ ——————— **94**
- ☐ フサギンポ ——————— **165**
- ☐ ブダイ ——————— **159**
- ☐ ブダイのなかま ——————— 158
- ☐ フタスジタマガシラ ——————— **124**
- ☐ フタスジリュウキュウスズメダイ ——————— **144**
- ☐ ブラウントラウト ——————— **39**
- ☐ ブラックバス→オオクチバス ——————— 49
- ☐ ブリ ——————— **112·208**
- ☐ フリソデウオ ——————— **76**
- ☐ ブルーギル ——————— **49**

ヘ

- ☐ ヘコアユ ——————— **84**
- ☐ ベタ ——————— **207**
- ☐ ヘダイ ——————— **124**
- ☐ ベニカエルアンコウ ——————— 54·**79**
- ☐ ベニゴンベ ——————— **141**
- ☐ ベニザケ ——————— **36·38**
- ☐ ベニザケの陸封型（ヒメマス） ——————— **36·38**
- ☐ ヘビギンポ ——————— **168**
- ☐ ベラギンポ ——————— **167**
- ☐ ベラのなかま ——————— 152
- ☐ ヘラブナ→ゲンゴロウブナ ——————— 19
- ☐ ヘラヤガラ ——————— **84**

ホ

- ☐ ボウズギンポ ——————— **164**
- ☐ ボウズハゼ ——————— 15·**47**
- ☐ ホウセキキントキ ——————— **107**
- ☐ ホウボウ ——————— 54·**97**
- ☐ ホウボウのなかま ——————— 97
- ☐ ホウライエソ ——————— 205
- ☐ ホクトベラ ——————— **157**
- ☐ ホシギス ——————— **130**
- ☐ ホシゴンベ ——————— **141**
- ☐ ホシササノハベラ ——————— **153**
- ☐ ホシザヨリ ——————— **87**
- ☐ ホテイウオ ——————— **162**
- ☐ ホトケドジョウ ——————— **30**
- ☐ ホホジロザメ ——————— **61**·後ろ見返し
- ☐ ボラ ——————— **86**
- ☐ ボラのなかま ——————— 86
- ☐ ホンソメワケベラ ——————— **154·178**
- ☐ ホンベラ ——————— **156**
- ☐ ホンマグロ→クロマグロ ——————— 188

☐ ホンモロコ ── 28

マ

☐ マアジ ── 113·209
☐ マアナゴ ── 70·209
☐ マイワシ ── 9·71·203·209
☐ マウスブルーダー ── 48
☐ マカジキ ── 183
☐ マガレイ ── 190
☐ マグロのなかま ── 188
☐ マコガレイ ── 190
☐ マゴチ ── 98
☐ マサバ ── 186·209
☐ マスノスケ ── 39
☐ マスのなかま ── 34
☐ マダイ ── 125·208
☐ マダイのなかま ── 124
☐ マタナゴ ── 142
☐ マダラ ── 77
☐ マダラタルミ ── 117
☐ マツカサウオ ── 81
☐ マツカワ ── 191
☐ マツダイ ── 121
☐ マトウダイ ── 81
☐ マトウダイのなかま ── 80
☐ マナガツオ ── 151
☐ マハゼ ── 174
☐ マハタ ── 102
☐ マフグ ── 199
☐ ママカリ→サッパ ── 72
☐ マルクチヒメジ ── 129
☐ マルソウダ ── 188
☐ マルタ ── 24
☐ マンジュウイシモチ ── 108
☐ マンタ→オニイトマキエイ ── 67
☐ マンダリンフィッシュ→ニシキテグリ
  ── 172
☐ マンボウ ── 52·202

ミ

☐ ミカヅキツバメウオ ── 180
☐ ミカドチョウチョウウオ ── 132
☐ ミギマキ ── 141
☐ ミサキウバウオ ── 172
☐ ミシマオコゼ ── 167
☐ ミズウオ ── 75
☐ ミスジチョウチョウウオ ── 134
☐ ミゾレチョウチョウウオ ── 134
☐ ミツクリザメ ── 60
☐ ミツボシクロスズメダイ ── 144

☐ ミドリフサアンコウ ── 79
☐ ミナミウシノシタ ── 193
☐ ミナミギンポ ── 169
☐ ミナミクロダイ ── 125
☐ ミナミゴンベ ── 141
☐ ミナミトビハゼ ── 173
☐ ミナミハコフグ ── 前見返し·198
☐ ミナミハタタテダイ ── 136
☐ ミナミハタンポ ── 130
☐ ミナミヒメジ ── 128
☐ ミナミメダカ ── 42
☐ ミノカサゴ ── 93·後ろ見返し
☐ ミミズハゼ ── 174
☐ ミヤコタナゴ ── 21
☐ ミヤコテングハギ ── 181

ム

☐ ムギイワシ ── 86
☐ ムギツク ── 26
☐ ムスジコショウダイ ── 123
☐ ムツ ── 110
☐ ムツゴロウ ── 53·173
☐ ムラサメモンガラ ── 194
☐ ムラソイ ── 92
☐ ムレハタタテダイ ── 136
☐ ムロアジ ── 113

メ

☐ メアジ ── 113
☐ メイタガレイ ── 192
☐ メイチダイ ── 126
☐ メカジキ ── 183
☐ メガネゴンベ ── 140
☐ メガネモチノウオ ── 55·156
☐ メガマウスザメ ── 60
☐ メギス ── 106
☐ メゴチ ── 98
☐ メジナ ── 150
☐ メジナのなかま ── 150
☐ メジロザメのなかま ── 63
☐ メダイ ── 151
☐ メダカ→メダカのなかま ── 42
☐ メダカのなかま ── 42
☐ メナダ ── 86
☐ メヌケ→アコウダイ ── 90
☐ メバチ ── 187
☐ メバルのなかま ── 90

モ

☐ モツゴ ── 27

219

- [ ] モヨウモンガラドオシ ——— **68**
- [ ] モロコ→クエ ——— 103
- [ ] モロコ→ホンモロコ ——— 28
- [ ] モロコのなかま ——— 28
- [ ] モンガラカワハギ ——— 前見返し・55・**194**
- [ ] モンダルマガレイ ——— **192**
- [ ] モンツキハギ ——— **182**

ヤ

- [ ] ヤガラ→アカヤガラ ——— 84
- [ ] ヤギミシマ ——— **167**
- [ ] ヤツメウナギのなかま ——— 16
- [ ] ヤナギムシガレイ ——— **192**
- [ ] ヤマトイワナ ——— 8・**36**
- [ ] ヤマトカマス ——— **184**
- [ ] ヤマトシマドジョウ ——— 31
- [ ] ヤマドリ ——— **172**
- [ ] ヤマノカミ ——— **43**
- [ ] ヤマブキベラ ——— **152**
- [ ] ヤマメ→サクラマスの陸封型 ——— 38
- [ ] ヤリカタギ ——— **132**
- [ ] ヤリタナゴ ——— **23**
- [ ] ヤリヒゲ ——— **77**

ユ

- [ ] ユーステノプテロン ——— **6**
- [ ] ユウゼン ——— **131**
- [ ] ユカタハタ ——— 54・**104**
- [ ] ユゴイ ——— **43**
- [ ] ユメウメイロ ——— **121**
- [ ] ユメカサゴ ——— **90**

ヨ

- [ ] ヨウジウオ ——— **83**
- [ ] ヨコシマクロダイ ——— **126**
- [ ] ヨコシマタマガシラ ——— **124**
- [ ] ヨコスジカジカ ——— **161**
- [ ] ヨシノボリのなかまの区別 ——— 46
- [ ] ヨスジフエダイ ——— **116**
- [ ] ヨソギ ——— **197**
- [ ] ヨツメウオ ——— **207**
- [ ] ヨメゴチ ——— **172**
- [ ] ヨメヒメジ ——— **129**
- [ ] ヨロイイタチウオ ——— **78**

ラ

- [ ] ライギョ→カムルチー、タイワンドジョウ ——— 48
- [ ] ランチュウ（らんちゅう）——— **51**

リ

- [ ] 陸封型 ——— 38
- [ ] リュウキュウダツ ——— **89**
- [ ] リュウキュウニセスズメ ——— **106**
- [ ] リュウキュウヤライイシモチ ——— **109**
- [ ] リュウキン（琉金）——— **50**
- [ ] リュウグウノツカイ ——— 9・**76**

ル

- [ ] ルリスズメダイ ——— **145**
- [ ] ルリハタ ——— **105**
- [ ] ルリボウズハゼ ——— **47**
- [ ] ルリホシスズメダイ ——— **144**
- [ ] ルリヨシノボリ ——— **46**

レ

- [ ] レイクトラウト ——— **39**
- [ ] レモンチョウチョウオ ——— **133**
- [ ] レンギョ→コクレン、ハクレン ——— 27
- [ ] レンテンヤッコ ——— **139**

ロ

- [ ] ロウニンアジ ——— **114**
- [ ] ロクセンヤッコ ——— **137**
- [ ] ロレンチーニ器官 ——— 61

ワ

- [ ] ワカサギ ——— **34**
- [ ] ワキヤハタ ——— **99**
- [ ] ワキン（和金）——— **50**
- [ ] ワタカ ——— **24**
- [ ] ワラスボ ——— **173**

学研の図鑑
LIVE（ライブ）ポケット⑧

魚

2018年4月24日　初版第1刷発行

発行人　黒田隆暁
編集人　芳賀靖彦
発行所　株式会社 学研プラス

　　　　〒141-8415
　　　　東京都品川区西五反田 2-11-8
印刷所　図書印刷株式会社

NDC 480 220P 18.2cm
ⒸGakken Plus 2018 Printed in Japan

本書の無断転載、複製、複写（コピー）、翻訳を禁じます。
本書を代行業者等の第三者に依頼してスキャンやデジタル化することは、
たとえ個人や家庭内の利用であっても、著作権法上、認められておりません。

お客様へ

- ■ この本についてのご質問・ご要望は次のところへお願いします。
- ● 本の内容については
  - 03-6431-1281（編集部直通）
- ● 在庫については
  - 03-6431-1197（販売部直通）
- ● 不良品（乱丁、落丁）については
  - 0570-000577（学研業務センター）
  - 〒354-0045　埼玉県入間郡三芳町上富279-1
- ● 上記本以外のお問い合わせは
  - 03-6431-1002（学研お客様センター）
- ■ 学研の書籍・雑誌についての新刊情報・詳細情報は、
  - http://hon.gakken.jp/
  - ※表紙の角が一部とがっていますので、お取り扱いには十分ご注意ください。

危険な魚

するどい歯をもつサメや、毒のあるとげをもつアカエイやカサゴ、食べると食中毒をおこすフグなど、人間にとって危険な魚を紹介します。

アカエイ
66 ページ
尾の真ん中あたりに毒のあるとげがあり、さされると死亡することもあります。

オニダルマオコゼ
96 ページ
背びれ、しりびれ、腹びれのとげに毒があり、さされると呼吸困難をおこして死亡することもあります。

サンゴアイゴ
179 ページ
ひれのとげに毒があり、さされた部分が発熱をおこして痛みます。

ホホジロザメ
61 ページ
するどい歯でえものを切りさきます。人をおそうこともあります。

ゴンズイ
73 ページ
背びれと胸びれのとげに毒があり、さされるととても痛みます。

トラフグ
200 ページ
肝臓と卵巣に、テトロドトキシンという猛毒をもちます。

トラウツボ
69 ページ
するどい歯でかみつくことがあります。

ミノカサゴ
93 ページ
背びれ、しりびれ、腹びれのとげに毒があります。

バショウカジキ
183 ページ
つるぎのように長くて強い上あごを、ふり回します。ささると死亡することもあります。